STUDIEN

ÜBER

RHYTHMIK UND AUTOMATIE

DES FROSCHHERZENS.

Von

DR. OSCAR LANGENDORFF,

A. O. PROFESSOR AN DER UNIVERSITÄT ZU KÖNIGSBERG I. PR.

MIT 22 ABBILDUNGEN IM TEXT UND ZWEI TAFELN.

LEIPZIG,

VERLAG VON VEIT & COMP.

1884.

Sonderabdruck aus dem Archiv für Anatomie und Physiologie.
Physiologische Abtheilung. Jahrgang 1884.

Druck von Metzger & Wittig in Leipzig.

In der nachfolgenden Abhandlung beabsichtige ich einige an ganglienlosen und an ganglienhaltigen Herzabschnitten angestellte Untersuchungen mitzutheilen. Die Frage nach den Ursachen und Bedingungen der automatisch-rhythmischen Thätigkeit des Herzens hat schon lange die Forscher beschäftigt. Seit Volkmann's berühmten Untersuchungen schien ein fester Stützpunkt für die Beantwortung derselben gegeben; die meisten Physiologen nahmen seit ihnen an, dass aus den Ganglien die Quelle der rhythmischen Herzthätigkeit entspringe, dass der Herzmuskel nur die Aufgabe habe, die ihm zuströmenden Antriebe in äussere Arbeit umzusetzen. In neuester Zeit haben diese gesichert erscheinenden Annahmen eine Erschütterung erfahren. Man wies nach, dass der von Ganglien befreite Herzmuskel selber zur Rhythmik befähigt sei. Nach diesem Nachweise hielten Viele auch die Automatie dieses Muskels für wahrscheinlich; und nicht wenige Forscher zeigen sich gegenwärtig geneigt, sich der alten Lehre vom myogenen Ursprung der Herzbewegungen wieder zuzuwenden. Ein strenges Auseinanderhalten der Begriffe der Rhythmik und der Automatie ist aber durchaus nothwendig; mit der einen, früher nur an Ganglienzellen gekannten Eigenthümlichkeit braucht dem Herzmuskel doch nicht auch die weit mehr besagende Befähigung derselben zur autochthonen Reizbildung zuzukommen.

Die hier mitzutheilenden Untersuchungen werden sich zunächst mit der Irritabilität und Rhythmik des ganglienfreien Herzens beschäftigen; alsdann die Frage zu beantworten suchen, ob die bisherigen Erfahrungen zur Annahme einer Herzmuskel-Automatie berechtigen.

Der zweite Abschnitt dieser Abhandlung wendet sich dann dem ganzen Herzen und einigen ganglienhaltigen Abschnitten desselben zu. Gewisse Eigenthümlichkeiten der isolirten Herzkammer und die Schnittversuche von Stannius sollen uns hier vornehmlich beschäftigen. —

Die Untersuchung ist im Königsberger physiologischen Laboratorium ausgeführt. Bei einem grossen Theile derselben hat mich Hr. cand. med. H. Aronson auf das eifrigste unterstützt; an der Bearbeitung einzelner Capitel sind auch die HH. cand. med. Bongers und Haagen betheiligt gewesen.

Abschnitt I.

Ueber Rhythmik und Automatie des ganglienfreien Herzmuskels.

1. Methode.

Diese Versuche sind grösstentheils von der mit dem ganzen Herzen im Zusammenhang verbliebenen abgeklemmten Herzspitze des Frosches angestellt worden. Wenn ich diese als ganglienlos bezeichne, so stütze ich mich dabei auf die besten histologischen Forschungen. Ein angebliches physiologisches Desiderat ist oft der Antrieb gewesen, nach Ganglienzellen in den beiden unteren Dritteln des Froschherzventrikels zu suchen. Meiner Ansicht nach sprechen schon die physiologischen Erfahrungen nicht für, sondern gegen die Anwesenheit von gangliösen Elementen an diesen Orten. Die Herzspitze aber als nervenlos zu bezeichnen, wie Aubert (1) dies thut, dazu liegt gewiss keine Berechtigung vor.[1]

Der grossen Bequemlichkeit halber wurde die Mehrzahl der Versuche an curarisirten Fröschen angestellt, nachdem ich mich überzeugt hatte, dass das Herz unvergifteter Thiere sich nicht anders verhält. Thatsächlich ist das Froschherz gegen das Pfeilgift erstaunlich unempfindlich. Ich konnte Fröschen fast 1 ^{Ccm} einer frischbereiteten 0·5 procentigen Curarelösung, von der wenige Tropfen subcutan beigebracht, schnelle und völlige Lähmung aller Sceletmuskeln herbeiführten, direct in's Blut spritzen, ohne dass die

---

[1] Es lässt sich sogar die Existenz von sensiblen Nerven in der Herzspitze darthun. Reizte ich bei leicht curarisirten Fröschen, deren Bewegungsfähigkeit zwar geschwächt aber nicht aufgehoben war, die äusserste Spitze des unversehrten Herzens durch Kochsalz oder andere chemische Agentien, so entstanden oft lebhafte Abwehrbewegungen. Dasselbe geschah nicht selten bei der Abklemmung der Spitze, also in Folge mechanischer Reizung. Schon Goltz (2) hat ähnliche Beobachtungen gemacht; freilich giebt er an, dass der Sinus am empfindlichsten sei und dass die Empfindlichkeit desto mehr sich abschwäche, je weiter man nach der Herzspitze zu weiter schreitet (S. 7). Höchst selten nur gelang es ihm, vom Ventrikel aus Reflexbewegungen anzuregen.

Herzthätigkeit sich dadurch merklich änderte. Die bei hohen Gaben eintretende Herzschwäche ist Folge der Vasomotorenlähmung. Ein ausgeschnittenes Froschherz pulsirte in 0·5 procentiger frischer Curarelösung bei Zusatz von etwas Blut mehr als zwei Stunden lang kräftig und frequent.

Zumeist wurde R. esculenta benutzt; seltener R. temporaria. Für manche Versuche, z. B. für die Erprobung der Wirksamkeit der Alkaloide, sowie für manche thermische Versuche ist die letztere Species vorzuziehen.

Die nach Bernstein's (3) Vorgange unternommene Abklemmung der Herzspitze geschah mittels einer feinen Pincette mit langen schmalen Branchen.

Viele Versuche bedurften der graphischen Aufzeichnung. Anfangs verwendete ich dazu den einfachen Fühlhebel, dessen ich in früheren Mittheilungen mehrfach gedacht habe. Seine Angaben sind indessen wegen der interferirenden Füllungs- und Bewegungszustände der abgeklemmten Spitze complicirt; die Application von Reizen auf den unter ihm liegenden Muskel ist sehr erschwert.

Ich bediente mich deshalb weiter hin einer Vorrichtung, die ich als Zughebel bezeichnen will und die mir bei ihrer bequemen Anwendbarkeit sehr gute Dienste geleistet hat. In Fig. 1, Taf. I ist der kleine Apparat dargestellt.

Die Spitze einer sehr feinen Insectennadel (*f*) wird hakenförmig umgebogen, das Kopfende der Nadel wird zu einer Oese umgestaltet, in welcher ein Seidenfaden oder Zwirnsfaden (*e*) hefestigt wird. Das Häkchen wird in die äusserste Spitze des Herzmuskels so eingesenkt, dass es, ohne in den Hohlraum der Herzkammer einzudringen, die Muskelsubstanz fest erfasst. Blutungen lassen sich dabei vollständig vermeiden; die Herzthätigkeit wird durch die leichte Verwundung kaum gestört; das mit dem Häkchen armirte Herz kann zu stundenlangen Versuchen dienen.

Der am Haken befestigte Faden wird schräg nach oben über eine kleine, sehr bewegliche Rolle (*d*) geführt, und greift schliesslich nahe dem Axenlager eines einarmigen aus Aluminium gefertigten mit einer gläsernen Schreibspitze versehenen Hebels (*a*) an.

Jede Spitzencontraction, die eine wesentliche Verkleinerung des Längsdurchmessers zur Folge hat, übt einen Zug auf den Faden und bewegt dadurch den Hebel nach oben. Da beim Nachlassen der Systole der Hebel nach unten sinkend einen schädlichen Zug am Herzen ausüben würde, so ist der Hebel innerhalb des Angriffspunktes des Fadens durch ein mit flachem Knopfe versehenes Stiftchen (*b*) gestützt, der vermittelst einer Stellschraube (*c*) in höherer oder tieferer Lage fixirt werden kann.

Die ganze Vorrichtung ist auf einer Messingsäule verstellbar.

Der mit Curare immobilisirte Frosch liegt horizontal auf einer Glastafel; diese ist mittels Objecttischklammern auf einem Holztischchen befestigt, in dessen einer Ecke die oben erwähnte kleine Messingsäule angebracht ist. Das Tischchen ist durch doppelten Zahn und Trieb mittels der Schrauben β' und β'' in verticaler und horizontaler Richtung leicht verstellbar. Das Eisenprisma (*B*) der verticalen Führung, an welchem, in der Figur nur undeutlich erkennbar, die Hülse für die horizontale Zahnstange angebracht ist, steht auf einem massiven dreieckigen eisernen Fusse (*A*).

Unter dem Zughebel (*a*) befindet sich auf der kleinen Messingsäule ein kleiner Signalmagnet (*b*), der nach dem Vorbilde des Deprez'schen Signal électrique construirt ist. Die von ihm ausgehenden Drähte (*e*) gehen über einen Quecksilberschlüssel zu einer galvanischen Kette. Reizungen des Herzmuskels können vermittelst dieses Magneten leicht markirt werden. Unter ihm trägt die Säule noch eine Marey'sche Zeichentrommel; dieselbe steht durch einen Gummischlauch in Verbindung mit einer ähnlich construirten Aufnahmetrommel, gegen deren Hebel das Pendelgewicht eines Metronoms alle 2 Secunden anschlägt. Dieser dem von Klemensiewicz (4) angegebenen ähnliche Transmissionschronograph dient mir seit mehreren Jahren als bequemes und genügend genaues Mittel zur Zeitmarkirung.

Die drei Zeichenspitzen werden genau unter einander orientirt. Die Aufzeichnung geschieht auf die rotirende Trommel eines Baltzar'schen Kymographions.

Soll die Beobachtung bei erhöhter oder erniedrigter Temperatur angestellt werden, so liegt der Frosch anstatt auf der Glastafel auf dem in Fig. 3, Taf. I dargestellten Lager. Der flache aus Weissblech hergestellte, mit Ausnahme der zu erwähnenden Oeffnungen allseitig geschlossene Kasten (*D*) ist 20 ^{cm} lang, 12 ^{cm} breit, 2·5 ^{cm} dick. Die obere Wand ist in einer Länge von 17 und in einer Breite von 9 ^{cm} um 1 ^{cm} tiefer gelegt, so dass der mittlere Theil des Hohlkästchens eine Dicke von nur 1·5 ^{cm} besitzt und von dem 1·5 ^{cm} breiten Rande um 1 ^{cm} überragt wird. Dieser flache Mittelraum dient zur Aufnahme des Froschkörpers. In die Höhlung des Kästchens kann vermittelst des Trichters *a* warmes Wasser oder Eiswasser eingefüllt werden. Das durch einen Hahn verschliessbare Abzugsrohr *b* dient zum Abfluss. Der Thermometer *d* giebt die Temperatur der Füllflüssigkeit an.

Der Frosch wird bei Wärmeversuchen ausserdem mit leicht erwärmtem Wasser, bei Kälteversuchen allseitig mit Schnee umgeben. Zum Abfluss des Thauwassers dient das Rohr *c*.

Der Frosch trug in manchen Fällen auch noch ein in seinen Magen eingeführtes feines Thermometer.

Durch schnellen Wechsel der Füllungsflüssigkeit, wenn es Noth that auch durch kalte oder laue Salzwasserberieselung des Frosches, konnte die Temperatur desselben in verhältnissmässig kurzer Zeit verändert werden.

Ueber das Verfahren, durch welches ich eine Transfusion fremder Blutarten, oder anorganischer Salzlösung in das Froschherz vor oder nach der Spitzenabklemmung vernehmen konnte, soll später berichtet werden.

Der Zughebel giebt, mit der Spitze eines unverletzten im Froschkörper befindlichen Herzens in Verbindung gebracht, gute und gleichmässige Pulszeichnungen. Bedingung ist aber, dass der Frosch sich absolut ruhig verhalte, vor allem auch keine Athembewegungen mehr mache.

Ist der Hebel mit der abgeklemmten Spitze eines Herzens verbunden, so zeichnet er nicht nur deren Pulsationen auf, sondern er überträgt auch, freilich in geringerem Maasse, die Bewegungen des oberen Ventrikelantheiles, des „Ventrikelrestes.“ Durch passende Entspannung des das Herz mit dem Hebel verbindenden Fadens kann man diese zuweilen störenden Zeichnungen des Ventrikelrestes gänzlich oder nahezu vermeiden, ohne dabei die Verzeichnung der Spitzenpulse zu hindern.

Während im Allgemeinen die Form der Spitzenpulscurven und besonders deren Frequenz durch den Zughebel getreu wiedergegeben werden, erhält man nur ein ungefähres Bild von der Grösse der bei jeder Spitzenpulsation geleisteten Arbeit. Diese lässt sich genau nur auf manometrischem Wege feststellen. Ich muss hier erwähnen, dass, wie man schon ohne Zuhülfenahme graphischer Vorrichtungen leicht bemerkt, die Arbeit des abgeklemmten Herzmuskels in einer fortlaufenden Pulsreihe keineswegs gleichmässig ist. Bei Einleitung von Spitzenpulsationen interferiren dieselben in mannigfaltigster Weise mit den in ganz anderem Rhythmus erfolgenden Contractionen des übrigen Herzens. Da die Contractionen der Vorhöfe und des Ventrikelrestes der Spitze Blut zuführen, so wird sich diese, je nach der Herzphase, in welche ihre eigene Zusammenziehung fällt, in verschiedenen Füllungszuständen befinden können. Da die Füllung aber auf die Pulsgrösse von Einfluss ist, so ist leicht verständlich, dass die Pulse unter einander in Bezug auf ihre Grösse differiren werden. Nur bei zeitlich ganz regelmässigen oder bei sehr langsamen oder sehr beschleunigten Spitzenpulsen werden die Pulsgrössen einander gleich. Die Dinge liegen also bei der abgeklemmten Herzspitze ganz anders als bei der am Froschherzmanometer befestigten. Da bei dieser die diastolische Füllung immer dieselbe bleibt, so hängt die Grösse der Arbeit hier nur von den Zuständen des Herzmuskels selber ab.

2. Abklemmung und mechanische Reizung der Herzspitze.

In Bezug auf die Abklemmung habe ich zunächst mancherlei Angaben von Bernstein, Bowditch, (5) Aubert, (6) Gaskell (7) bestätigen können.

Die Spitze bleibt nach geschehener Klemmung meist dauernd in Ruhe; manchmal folgen der Fortnahme der klemmenden Pincette sofort einige Pulsationen, die zweifellos auf die mechanische Reizung bezogen werden müssen. Seltener wird die eingetretene Stille in der ersten Zeit, und nur in ihr, ab und zu durch einen einsamen Spitzenpuls unterbrochen. Nur sehr erregbare Herzen zeigen dieses Verhalten; erneute Abklemmung in oder über oder unterer der ersten Abklemmungsfurche unterdrückt in vielen solcher Fälle diese Pulsationen nicht, wie ich im Gegensatze zu Bowditch behaupten muss. Sie sind also nicht auf ungenügende Klemmung zurückzuführen, kommen vielmehr wahrscheinlich durch die mechanische Einwirkung der Dehnung auf die immer praller und praller sich füllende Spitze zustande. Da übrigens nach der Abklemmung, falls dieselbe nur ohne Blutverlust geschah, die Herzspitze viel stärker angefüllt ist, wie jemals im unbeschädigten Herzen, so hätte man, selbst wenn der Bernstein'sche Versuch nicht das bekannte Ergebniss gehabt hätte, aus eingetretenen Spitzenpulsationen niemals auf eine automatische Action des Herzmuskels schliessen dürfen.

Dauernd erhöhte Wandspannung erregt, wie seit Luchsinger's (8) und Gaskell's (8) Untersuchungen bekannt, rhythmische Pulsationen. Am lehrreichsten zeigt dies die nach Foster's Vorgange ausgeführten Aortenklemmung. Ich sah am unvergifteten lebenden Frosche ihren Erfolg wohl niemals fehlen; wohl aber versagte sie oft bei sehr tiefer Aetherisirung oder sehr starker Curarevergiftung, und bei getödteten Fröschen, offenbar in allen diesen Fällen wegen bedeutender Schwächung der Kreislaufsenergie, die es zu einer genügenden Drucksteigerung im Herzen nicht kommen liess.

Die Aortenklemmung zeigte sich auch dann wirksam, wenn das Froschblut durch indifferente NaCl Lösung von $0 \cdot 6\,\%$ der Serumalbuminlösung oder concentrirtes oder verdünntes Säugethierblut ersetzt worden war. Nur darf bei Anwendung der reinen Salzlösung die Auswaschung des Herzmuskels keine allzu vollständige sein.

Der Erfolg der Aortenklemmung geht mit Beseitigung der Klemme oft nicht sofort vorüber, sondern die Pulse können noch einige Zeit fortdauern. Dasselbe ist zu beobachten, wenn man den Druck in der künstlich gespeisten Herzspitze erhöht. Die Dauer der Nachwirkung scheint mit der Höhe des angewendeten Druckes und mit der Dauer der Druckerhöhung zu steigen. Nicht selten dauerte die Nachwirkung länger, als die Abklemmung selbst.

Plötzliche Druckherabsetzung (Eröffnung der Venen), die nach Aubert Spitzenpulse erzeugen soll, war in meinen Versuchen ohne jeden Erfolg.

Anderweitige mechanische Reize, Druck mit dem Sondenknopf u. dgl., erregen an der abgeklemmten Spitze meistens nur einen Puls. Bei sehr erregbaren Praeparaten sah ich indessen kräftigen aber schnell vorübergehenden Druck von einer die Reizung meist überdauernden Pulsreihe gefolgt. Charakteristischer Weise war das vorwiegend an heissen Sommertagen bei frischgefangenen Fröschen der Fall. So pulsirte am 13. Juli 1883 die um 9 h 23′ vormittags abgeklemmte Spitze eines Curarefrosches nachmittags 4 h 15′ auf einmalige Reizung nicht weniger als 26 Mal. Die Abklemmungsmarke lag fast in der Mitte der Kammer. In anderen Fällen war die Zahl der Pulse freilich geringer. Dass künstliche Erwärmung eines Versuchsfrosches im Wasserbade einzelne Reizungen des Herzmuskels ähnlich wirksam macht, soll noch später besprochen werden.

Bei Speisung des mit Spitzenabklemmung versehenen Herzens mit NaCl Lösung von 0·6 % und ebenso nach Vergiftung mit gewissen Alkaloiden (s. sp.) sah ich auch schwache Einzelreize mehrere Pulsationen herbeiführen. Aehnliche, noch stärkere Wirkung erzielte Löwit (10) bei Einfüllung seines alkalischen Salzgemenges in das ganglienlose Herz.

Versuche dieser Art mahnen zur Vorsicht bei der Beurtheilung der Reizerfolge am unverletzten stillstehenden Herzventrikel. Mir sind ab und zu Fälle begegnet, in denen kräftige mechanische Reizung eines entschieden ganglienfreien Theiles des sinuslosen Herzens Pulsreihen erzeugte. Ich vermuthete in solchen Fällen Zerrung des Bidder'schen Ganglienhaufens. Vielleicht war aber doch der Muskel der schuldige Theil.

---

3. Ueber chemische Reizung des ganglienlosen Herzmuskels.

A. Allgemeines.

Nachdem von verschiedenen Forschern für galvanische und für mechanische Dauerreize gezeigt worden war, dass unter ihrem Einflusse der ganglienlose Herzmuskel in rhythmische Pulsationen verfällt, schien mir eine Untersuchung der chemischen Reize nicht ohne Interesse. Ich habe dieselbe weiter ausgedehnt, als ursprünglich in meiner Absicht lag, weil ich fand, dass man mit Hülfe der chemischen Reizung in der Erkennung mancher Eigenthümlichkeiten des Herzmuskels weiter kommt, als mit Benutzung selbst der den chemischen so vielfach überlegenen elektrischen Reizmittel. Ausserdem bot sich hier eine erwünschte Gelegenheit, der Frage nach der Natur gewisser chemischer Muskelreize näher zu treten.

In der in letzter Zeit zu erstaunlichem Volumen angewachsenen Literatur über das Froschherz finden sich hier und da Angaben über chemische Reizung des Herzmuskels[1]; indess systematisch ist sie niemals vorgenommen worden. Zudem lässt sich in einigen der bezeichneten Fälle gleichzeitige mechanische Einwirkung nicht mit der wünschenswerthen Sicherheit ausschliessen. Ob die bekannten Versuche von Merunowicz und viele der in ähnlicher Weise angestellten einfach als chemische Reizversuche an-

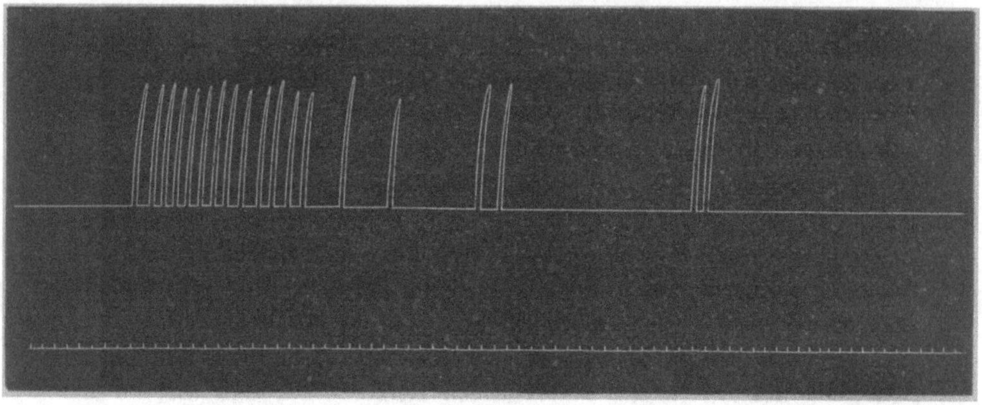

Fig. 1.
Reizung der abgeklemmten Spitze mit Na Cl.

gesehen werden dürfen, ist noch keineswegs entschieden. Auch hierüber habe ich mir Sicherheit zu verschaffen gesucht.

Ich habe, wie ich bereits in einer kleinen Mittheilung (12) in der „Breslauer ärztlichen Zeitschrift" berichtete, eine Anzahl von Chemikalien durchprobirt, die ich auf die äussere Fläche der nach Bernstein abgeklemmten Herzspitze applicirte, und ich habe gefunden, dass der

[1] Bemerkenswerth sind besonders die Beobachtungen von Marchand (11). Derselbe sah die Herzspitze bei Reizung mit KaOH in 5 Versuchen still bleiben, in 8 Versuchen eine bis vier Contractionen machen. Hätte er NaOH benutzt, so hätte er wahrscheinlich auch an seinen Praeparaten bessere Erfolge gehabt. Beim Eintauchen des Querschnittes frischer Herzspitzen von sehr erregbaren Fröschen in Salzsäure (1 : 30) erhielt er in einem Falle drei, in einem anderen zwei Contractionen. Den direct mit der Lösung in Berührung gekommenen Theil des Praeparates sah er sehr bald starr werden.

Anwendung solcher Reize Pulsreihen folgen, die sich aus bald mehr bald weniger zahlreichen und regelmässigen Herzmuskelcontractionen zusammensetzen.

Was zunächst die Art der Application der Reize anlangt, so wurden sie vielfach in fester Form, z. B. in der Gestalt kleiner, vorher leicht befeuchteter Krystalle verwendet. In anderen Fällen trug ich die Reizflüssigkeit mit einem feinen Pinsel auf, oder ich legte ein kleines, aus schwedischem Filtrirpapier geschnittenes, mit der entsprechenden Lösung durchtränktes Blättchen auf den Herzmuskel. Nach Beendigung der Pulsreihe wurde das Reizmittel entfernt und die Oberfläche des Herzens mit 0·6 procentiger Kochsalzlösung überspült. In vielen Fällen konnte so die Reizung oftmals wiederholt werden.

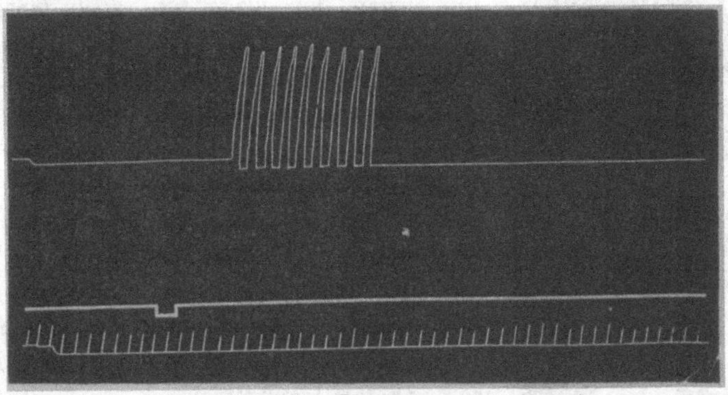

Fig. 2.
Reizung der abgeklemmten Spitze mit NaCl. (Grosses Latenzstadium).

Auch wenn der Reiz nur einen kleinen Abschnitt der Herzoberfläche traf, betheiligten die ihm folgenden Contractionen stets die ganze Herzspitze.

Die Pulse beginnen oft fast momentan mit der Reizung. Das ist bei starken Reizen und bei empfindlichen Herzen immer der Fall. Bei schwacher Reizung, zumal bei wenig erregbarem Herzmuskel (z. B. nach Abkühlung desselben) kann dagegen eine lange Zeit latenter Reizung vergehen. Ich sah Latenzen von 30″ und darüber. Offenbar erreichte während dieser Zeit der Reiz durch Summation die zur Auslösung des Pulses nothwendige Grösse. Schwache Reize brauchen deshalb längere Zeit wie starke, und der erregbare Herzmuskel reagirt bereits nach Erreichung einer geringeren Summationsgrösse, wie der weniger empfindliche.

Die Pulszahl hängt wie ihre Frequenz von der Art und Stärke des Reizes und von der Grösse der betroffenen Fläche ab; auch die Temperatur ist von Einfluss. Diese Punkte sollen alsbald im Einzelnen besprochen werden; allgemeinere Angaben lassen sich kaum machen. Ich habe chemische Reize zwei bis drei, andere 60—80 Pulse erzeugen sehen. Die Pulsfolge war manchmal äusserst stürmisch; in anderen Fällen trennten lange Pausen die einzelnen Contractionen; in noch anderen ordneten sich dieselben zu kleinen, gewöhnlich unregelmässigen Gruppen. Je grösser die Summationszeit war, desto geringere Pulsationsfrequenz hat man zu erwarten. Bei längeren Pulsreihen pflegen die ersten Pulse die frequentesten zu sein; dann nimmt die Frequenz ab, hält sich einige Zeit auf mittlerer Höhe, um gegen das Ende hin noch geringer zu werden. Der letzte Puls folgt seinem Vorgänger oft nach langer Pause. Die Pulsfolge ist manchmal so schnell, dass die folgende Systole schon beginnt, bevor die Diastole des vorhergehenden Pulses abgelaufen ist. So entstehen Zwillings- und Drillingsformen u. s. w., die man schon ohne graphische Hülfsmittel erkennt. Doch ist grosse Pulsfrequenz nicht ihre einzige Ursache; denn ich sah ähnliche Formen auch bei abgekühlten, sehr langsam schlagenden Herzspitzen.

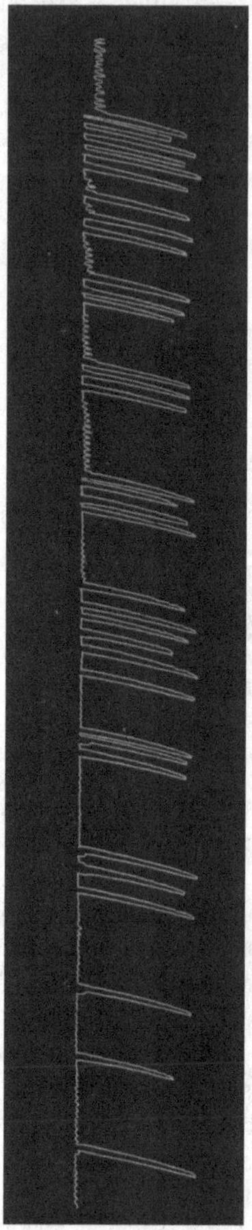

Fig. 3.
Reizung der abgeklemmten Herzspitze mit NaCl. Gruppenbildung.

Die Höhe der einzelnen Pulse wechselt je nach dem Füllungszustande der Spitze, bei welchem der Puls eintritt. Gleichmässig ist sie nur bei regelmässiger oder sehr langsamer oder sehr schneller Pulsfolge. Am Anfange einer Pulsreihe sah ich oft das Bild der „aufsteigenden Treppe“; sind Gruppen vorhanden, so kann eine jede von ihnen die Treppenform zeigen.

Ueber alle diese Einzelheiten belehrt vor Allem die stete Anwendung der graphischen Darstellung. Doch darf daneben die directe Beobachtung des Herzmuskels nicht vernachlässigt werden; oft gewinnt man aus ihr die Ueberzeugung von der Treue der aufgezeichneten Curven.

Die folgenden Abschnitte enthalten zunächst eine Darstellung der angewendeten chemischen Reizmittel, sodann eine Untersuchung über den Einfluss gewisser Variablen auf den Erfolg der Reizung.

B. Die chemischen Herzmuskelreize.

a) Mineralsäuren.

Als Repräsentant der unorganischen Säuren diente die Salzsäure. Ganz entsprechend den Erfahrungen Kühne's (13) am Skeletmuskel zeigte sich diese Säure noch bis zu starken Verdünnungsgraden herab wirksam. Bei sehr erregbarer Herzspitze erhielt ich schon 0·16—0·2 procentigem HCl (8—10 ^{Ccm} der käuflichen Säure auf 1000 Aq. dest.) gute Erfolge. Das Latenzstadium war hier ungewöhnlich lang, die Pausen zwischen den nicht zahlreichen einzelnen Pulsationen sehr gross. Stärkere Säuregrade, z. B. 5 Procent, wirken selbst bei wenig erregbarem Herzmuskel fast unfehlbar. Nach Eckhard und Kühne bedarf die Salzsäure, um einen Nerven zu erregen, einer Concentration bis zu 19 und 20 Procent.

Die unverdünnte, (etwa 20 procentige) Säure ist zwar oftmals gut wirksam; sie zerstört aber meistens das gereizte Gewebe so schnell, dass ihre Wirkungen hinter denen geringerer Concentrationen zurückstehen.

b) Alkalien.

Aetznatron, in Form eines zugespitzten Stäbchens auf einen punktgrossen Theil der Herzoberfläche momentan applicirt, ist ein sehr wirksamer Herzmuskelreiz. Versagen an der sehr geschädigten Herzspitze andere Reize, so ist der Natronstift meistens noch wirksam. Leider zerstört er radical, was er reizte.

Noch in starken Verdünnungen sind Natronlösungen wirksam; so erhielten wir gute Erfolge von 1 procentiger, nicht minder von 0·5 procentiger Lösung.

Ammoniak darf, wenn man es wirksam finden soll, nicht in Lösung direct auf den Herzmuskel gebracht werden. Er wirkt hier ohne Erregung zerstörend. Dagegen erweisen sich vorsichtig nahe gebrachte Ammoniakdämpfe als von vortrefflicher Wirkung.

Ich tränkte ein Stückchen Fliesspapier mit Ammoniakwasser und hielt dasselbe in die Nähe der abgeklemmten Spitze, entfernt genug, um jede Berührung derselben sicher zu vermeiden. Bald erschien ein Puls an der Spitze. Das Papier wurde nun schnell entfernt; dem ersten Pulse folgte aber trotzdem noch eine ganze Reihe weiterer nach. An ein und derselben Herzspitze lässt sich derselbe Versuch mehrmals mit Glück wiederholen. Das zeigt folgendes Beispiel:

Curarisirter Frosch, Herzspitze abgeklemmt.

1) NH_3 in der angegebenen Weise applicirt: 21 Pulse.
2) Nach einer Pause erneute Annäherung: 11 Pulse.
3) Pause. Annäherung des Ammoniakpapiers: 21 Pulse.
4) Ebenso: 10 Pulse.
5) Ebenso: 5 Pulse.

Ich darf indessen nicht verschweigen, dass in anderen Fällen schon der Ammoniakdampf schnell zerstört. Man sieht dann, während man bei genähertem Fliesspapier auf einen Puls wartet, statt dessen die Herzspitze sich weisslich verfärben, die Glätte ihrer Oberfläche verlieren und schnell auch für mechanische Reize unzugänglich werden.

Den ätzenden Alkalien reihe ich noch das gesättigte Kalkwasser an. Kühne fand, dass dasselbe den Nerv ohne ihn merklich zu erregen, zerstört; beim Muskel sah er dagegen Zuckungen. Die Herzspitze reagirte in einem Falle auf Kalkwasser mit 6 Pulsationen, deren erste sehr spät nach dem Beginn der Reizung eintrat. In einem anderen Falle blieben zwar die Pulsationen aus, doch war die Erregbarkeit sichtlich gesteigert; denn auf mässige mechanische Reizung antwortete die Herzspitze mit 4 bis 5 gliederigen Pulsreihen.

c) Metallsalze.

Während sich dem Ammoniak und dem Kalkwasser gegenüber der Herzmuskel wie ein Skelettmuskel verhält, zeigt er den Metallsalzlösungen gegenüber ein Verhalten, wie es Eckhard und Kühne für den motorischen Forschnerven dargethan haben. Das einzige Metallsalz, welches ich zweifellos wirksam fand, war Silbernitrat in kalt gesättigter Lösung. Ich erhielt damit einmal 5, ein anderes Mal 8, ein drittes Mal 10 Pulsationen. Am Nerven ist dieses Salz ebenfalls wirksam. Als ganz unwirksam erwies sich Kupfersulfat. Die concentrirte Lösung konnte die ganze Herzspitze benetzen, ohne einen einzigen Puls zu erzeugen. Ebenso verhielt sich Quecksilberchlorid. Bleiacetat bewirkte einmal 2 Pulse, Eisenchlorid zweimal je einen Puls; sonst waren auch diese Lösungen ohne Wirkung.

d) Chlornatrium.

Reines Kochsalz ist ein unfehlbares Reizmittel für den Herzmuskel, sei es, dass man es in kleinen Krystallen oder pulverisirt oder in gesättigten

Lösungen mit ihm in Berührung bringt. Man erzielt damit oft lange Pulsationsserien. Dieses Salz ist für die Anstellung systematischer Reizversuche besonders deshalb werthvoll, weil es die gereizten Gewebe nicht bedingungslos zerstört. Nach langen Pulsreihen kann man durch Fortnahme des Krystalles und durch sorgfältige Waschung des Herzmuskels mit 0·6 procentigem Salzwasser der gereizten Stelle ihre volle Erregbarkeit wieder verschaffen und denselben Herzmuskel zu weiteren Reizversuchen noch lange verwenden.

Verdünnten Kochsalzlösungen kommt dagegen gar nicht oder nur in geringem Maasse die Fähigkeit zu, den Herzmuskel zu erregen. Ich sah von einer mit dem gleichen Volum Wasser verdünnten concentrirten Lösung von NaCl gar kein oder sehr unbedeutende Erfolge. So konnte ich eine abgeklemmte Spitze mit der angegebenen Lösung völlig übergiessen, ohne dass ein Puls erfolgte, während ein mit concentrirter Lösung getränktes kaum 2 □cm grosses Filtrirpapierstückchen an derselben Spitze mehr als 20 Pulssationen erzeugte. Bei einem anderen Herzen trat bei Reizung mit dem mit der verdünnten Lösung getränktem Papier nach ungewöhnlich langer Latenzzeit ein Puls ein; nach Uebergiessen der ganzen Spitze erhielt ich, ebenfalls nach langem Warten zwei Pulse.

Gesättigte NaCl-Lösung, flie ich mit zwei Volumina Wasser verdünnt hatte, war am Herzen stets wirkungslos, während ein hineingetauchter curarisirter Sartorius mehr als 20 mal sich zusammenzog.

e) Organische Stoffe.

Unter ihnen gebührt die erste Stelle der Froschgalle, die nach Kühne's Beobachtungen auch für den M. sartorius sich als kräftiger Reiz erwiesen hatte. Am Herzmuskel vermisst man fast niemals den Erfolg; doch so grosse Pulsreihen, wie bei der Kochsalzreizung erhält man mit der Galle kaum, da sie den Herzmuskel schneller schädigt. Die Froschgalle muss, soll sie wirksam sein, eine dunkelgrüne Färbung haben; die oft sich findenden hellen und gelblichen Gallen fand ich zumeist wirkungslos. Wahrscheinlich geht mit dem Farbstoffgehalte der Gehalt an dem wirksamen Agens parallel. Wirksame Galle kann man aber mit dem mehrfachen Volum Wasser verdünnen, ohne dass sie ihre Reizkraft einbüsst. Auch Galle von Fischen und von Kaninchen fand ich gut wirksam. Der reizende Stoff in der Galle ist vermuthlich das gallensaure Alkali, wie das ja auch Kühne für die Sartoriusreizung gezeigt hat. Bringt man ein wenig krystallisirtes gallensaures Natron (aus Rindergalle nach dem bekannten Verfahren dargestellt) auf die abgeklemmte Herzspitze, so erhält man 10 bis 20 und noch mehr Pulsationen.

Glycerin fand ich gänzlich unwirksam. Von dem concentrirten war das nach Kühne's Erfahrungen vorauszusehen; doch selbst im Verhältniss von 1:2 oder 1:5 mit Wasser gemischt, blieb es ohne Wirkung.

Milchsäure, die im concentrirten Zustande nach Kühne auf Skeletmuskeln gar nicht wirkt, zeigte sich bei der Herzspitze unverdünnt wirksam; freilich nicht sehr kräftig, und nicht ohne schnell zerstörend zu wirken. In zwei Fällen erhielt ich je 3, in zwei anderen 4 und 5 Pulsationen. Zwei Herzspitzen ergaben sogar 7 Pulse. Ich verwendete Milchsäuren, die ich aus drei verschiedenen Quellen bezogen hatte, sämmtlich mit Erfolg. Da übrigens die Herzoberfläche oft von einer dünnen Flüssigkeitsschicht bedeckt war, mochte auch die concentrirte Milchsäure dadurch eine leichte, für ihr Eindringen und ihre Wirksamkeit ausreichende Verdünnung erfahren. Stärkere Verdünnungsgrade waren unwirksam, so die 5 und die 10procentige Säure, obwohl man nach den Versuchen Kühne's gerade von ihnen einen Erfolg hätte erwarten können.

Absoluter Alkohol war wirksam, doch führte er nur zu wenigen Pulsationen.

Dasselbe galt vom Kreosot (aus Buchenholztheer); ich sah hier 2 bis 6 Pulse.

Gerbsäure, in starker wässeriger Lösung oder pulverisirt aufgetragen, war wirkungslos.

Ich führe hier noch an, dass ohne jede Reizwirkung die Aufpinselung von Säugethierblut auf die Oberfläche des Herzmuskels war. Es wurden die verschiedensten Blutarten concentrirt und in verschiedenen Verdünnungen ganz erfolglos durchprobirt.

Das Ergebniss dieser Versuche lässt sich in folgender Weise kurz zusammenfassen:

Wirksam sind Mineralsäuren (HlC) und Aetzalkalien (NaOH) bis zu starken Verdünnungsgraden herab. Wirksam ist Ammoniakdampf, von mässiger Wirkung Kalkwasser. Von den untersuchten Metallsalzbildungen ist nur Silbernitrat ein sicherer Reiz; insbesondere ist Kupfersulfat ohne Wirkung. Chloratrium wirkt in Substanz oder in gesättigter Lösung sehr gut, in Verdünnungen wenig oder gar nicht. Galle oder die in ihr gelösten gallensauren Alkalien sind wirksam; Glycerin zeigt in keiner Concentration Erfolge; Milchsäure wirkt concentrirt, ist stärker verdünnt unwirksam. Alkohol und Kreosot sind von geringer, Gerbsäure und Säugethierblut ohne jede Wirkung.

Die hier angeführten Versuche wurden von mir als chemische Reizversuche bezeichnet. Doch drängt sich die Frage auf: Haben wir es wirklich dabei mit echter chemischer Reizung zu thun? Mir ist im Anfange meiner Versuche wiederholt der Gedanke gekommen, es möchten vielleicht doch Muskelströme und Nebenschliessungen zu solchen in der von Hering (14) erörterten Weise im Spiele sein. Man könnte an die Erzeugung eines caustischen Querschnittes durch das Reizmittel und an das Entstehen eines Muskelstromes denken, zu dem dann die Reizflüssigkeit eine bequeme Nebenschliessung darböte. Hering hat für die chemische Skeletmuskelreizung auf diese Möglickkeit (selbst bei Reizung des natürlichen Längsschnittes) hingewiesen. Es bedürfte bei unserem Praeparate vielleicht nicht einmal der Erzeugung einer neuen negativen Stelle, da schon die Abquetschung der Herzspitze Gelegenheit zur Entstehung eines Demarcationsstromes geben könnte.

Indessen lässt sich für unsere Versuche, wie ich glaube, die Mitwirkung von Muskelströmen mit Sicherheit ausschliessen.

Vor Allem hatte die reizende Flüssigkeit in sehr vielen Fällen ein minimales Volumen, entsprach also schon aus diesem Grunde nicht den Anforderungen an eine gute Nebenschliessung. Ganz unwirksam zeigten sich ferner Lösungen, denen man nach ihrer elektrischen Leitungsfähigkeit von jenem Standpunkte aus eine vortreffliche Wirkung hätte zutrauen müssen; ich erinnere an gewisse Metallsalze ($CuSO_4$), die sich unfähig oder wenig befähigt zeigten, den Herzmuskel zum Schlagen zu bringen; ich erinnere an die dünnen Kochsalzlösungen und an die verdünnte Milchsäure. Umgekehrt waren schlechte Leiter, wie die syrupöse Milchsäure, von deutlicher Wirkung. Dazu kommt die oft sehr lange Zeit, die zwischen Reizung und erster Zuckung vergeht, und die nicht selten über viele Minuten sich erstreckende Pulsationsdauer. Bei elektrischer Erregung hätte man einen einzigen schnell eintretenden Puls zu erwarten.

Ich glaube, diese Gründe sind hinreichend, um die Behauptung zu rechtfertigen, es habe sich in meinen Versuchen um echte chemische Reizung und um nichts anderes gehandelt.

Wenn dieser Satz richtig ist, und wenn man weiter die Annahme machen darf, dass der Herzmuskel in seinem Verhalten gegen Reize nicht allzusehr von dem der Skeletmuskeln abweichen werde, so haben wir ein treffliches Hülfsmittel in der Hand, wahre chemische Reizung animaler Muskeln von der unechten zu unterscheiden, in specie für die von Kühne als chemische Muskelreize angesprochenen Stoffe zu entscheiden, ob sie, resp. welche von ihnen ihre Wirksamkeit lediglich Muskelströmen verdanken, und welche nicht. Wie die Dinge sich nach den wichtigen Ausführungen Hering's gestaltet hatten, war kein einziger der Kühne'schen Muskelreize mehr sicher. Die einwurfsfreien Versuche am Herzmuskel aber lehren, dass man viele davon auch in Zukunft als echte chemische Reize bezeichnen darf.

Das gilt vor Allem für die verdünnten Mineralsäuren, für die man am ehesten die Einwürfe Hering's anzuerkennen geneigt sein möchte. Sicher gesellt sich freilich bei den üblichen Sartoriusversuchen elektrische Reizung zur chemischen hinzu, tritt sogar vielleicht allein hervor. Auch die verdünnten Alkalien, das Ammoniak, das Kalkwasser sind als Muskelreize anzusehen. Kochsalz ist es nur, wenn es in stärkeren Lösungen angewendet wird. Wenn Kühne noch sehr verdünnte Na Cl-Solutionen wirksam fand, so handelte es sich dabei wahrscheinlich um elektrische Wirkungen. Dasselbe gilt von der Milchsäure. Hering sah einen M. sartorius zwanzigmal nach einander bei Berührung mit einprocentiger Milchsäure zucken; sicherlich war hier ausschliesslich der Muskelstrom im Spiele. Von den Metallsalzen endlich kann ich nur das Silbernitrat als sicheren Muskelreiz anerkennen; Kupfersulfat und Sublimat sind es zweifellos nicht. Wenn Kühne von den Metallsalzen hervorragende Erfolge erhalten hat, wenn er besonders den Kupfervitriol noch bis zu 2·5 procentigen Lösungen hinab, Hering sogar bis zu 1 procentigen, wirksam fand, so hat hierbei chemische Reizung gewiss nicht einmal mitgewirkt. Das Sublimat endlich verdankt seine Unwirksamkeit beim Muskel nicht allein seinem schlechten Leitungsvermögen, sondern auch dem Umstande, dass es kein chemischer Muskelreiz ist.

Ich bin im Vorhergehenden nicht auf die Frage eingegangen, ob das, was man mit Hülfe der chemischen Reizmittel direct erregt, wirklich die Muskelfaser ist, oder ob von dem Reize zunächst Muskelnerven getroffen werden. Leider kennen wir kein Mittel, welches die Herznerven in ähnlicher Weise lähmte, wie das Curare die Nervenenden in den willkürlichen Muskeln.

Soll ich aus den hier mitgetheilten chemischen Reizversuchen eine Schlussfolgerung machen, so möchte ich mich auf Grund der Wirksamkeit des Ammoniak, des Kalkwassers, der sehr verdünnten Säuren, die den Erfahrungen früherer Forscher gemäss auf die motorischen Nerven nicht einwirken, wohl aber Muskelfasern direct reizen, für die Muskelreizung erklären. Freilich sehe ich ein, dass dieser Schluss auf sehr schwachen Stützen steht; denn wer möchte sicher sagen, dass das, was für die markhaltigen Nerven des animalen Lebens bewiesen ist, auch für den feinen marklosen Plexus des Herzmuskels Geltung haben muss!

C. Ueber pseudoautomatische Pulsation der Herzspitze.

In den bisher beschriebenen Fällen wurden die chemischen Reizstoffe auf die äussere Oberfläche des Herzmuskels applicirt. In einzelnen dieser Fälle zeigte sich nun ein merkwürdiges Verhalten, welches zu weiteren Versuchen einlud.

Hat man nämlich längere Zeit an einem Herzen mit verdünnter Salzsäure experimentirt, so sieht man, auch wenn der jedesmalige Reiz durch Salzwasserspülung möglichst entfernt wurde, nicht selten im Anschluss an eine Reizung anscheinend spontane Pulsationen der Herzspitze eintreten, die $^1/_4$ bis 1 Stunde lang, wahrscheinlich noch länger, andauern können und die schliesslich unter progressiver Verlangsamung erlöschen. Bei anderen Reizmitteln sah ich das nie. Ich kam auf den Gedanken, es möchte während der oft wiederholten Säureapplication ein Theil der Säure resorbirt sein und so von der Innenfläche der Herzspitze her die Reizwirkung fortsetzen. Der Versuch scheint mir die Richtigkeit dieser Annahme zu bestätigen. Injicirte ich nämlich einem curarisirten Frosche nach Abklemmung der Herzspitze eine verdünnte Salzsäurelösung in's Blut, so traten alsbald lebhafte, stundenlang andauernde Pulsationen der Herzspitze ein.

Die Injection geschah in die grosse Abdominalvene mittels einer Pravaz'schen Spritze. Verwendet wurde eine Salzsäure von zwei Procent HCl; ungefähr 1 ^{Ccm} derselben genügte vollauf. Die Spitzenpulse begannen bereits während der Injection. Dass die äussere Oberfläche des Herzmuskels vor directer Berührung mit der Säure geschützt wurde, versteht sich von selbst. Zu aller Sicherheit wurde er nach Beendigung der Einspritzung tüchtig mit Salzwasser bespült.

Die eintretenden Spitzenpulse, die ich als „pseudoautomatische" bezeichnen will, sind in manchen Fällen sehr regelmässig, unterscheiden sich aber stets in ihrem Rhythmus von denen des übrigen Herzens.

Um sicher dem Einwurfe ungenügender Abklemmung zu entgehen, habe ich an den pulsirenden Spitzen die Abklemmung unterhalb der ersten Marke ein- bis zweimal wiederholt. Die Pulse blieben trotzdem bestehen. Ja, ich konnte in einzelnen Fällen noch die abgeschnittene Spitze, die ich mit etwas Blut unter den registrirenden Fühlhebel brachte, ihre durch die Abschneidung kaum unterbrochene Pulsation einige Zeit fortsetzen sehen.

Das endliche Aufhören der pseudoautomatischen Spitzenpulse ist nicht dadurch bedingt, dass die Spitze unerregbar wird. Sie bleibt noch lange reizbar. Vielmehr wird wahrscheinlich der die Reizung hervorbringende

Säuregehalt des Blutes durch grössere Alkalizufuhr von Seiten der Lymphe allmählich neutralisirt und damit die Reizursache beseitigt.

Es fragte sich, ob von den anderen Körpern, die sich als Reizmittel für den Herzmuskel bewährt hatten, nicht ähnliche Erfolge nach Injection derselben in die Blutbahn erhalten werden könnten. Indessen habe ich ohne jedes Resultat bis 2 ^{Ccm} concentrirter Kochsalzlösung injiciren können; Natronhydratlösung von 0·5 Procent und 2·5 Procent war ebenfalls ohne Wirkung. Nur auf die einprocentige Lösung traten eine Anzahl sehr langsam sich folgender und bald erlöschender Spitzenpulse ein.

Dass bei der Säureinjection nicht die mit der Einspritzung einhergehende Druckerhöhung als Ursache der Pulsationen angesehen werden darf, geht erstens aus der Unwirksamkeit anderer Injectionsflüssigkeiten (NaOH-Lösung, NaCl Sol. conc., NaCl 0,6 Procent u. s. w.) hervor. Zweitens geschah die Injection langsam und allmählich und ohne dass sich das Volumen der Spitze merklich vergrösserte. Endlich spricht die lange Dauer der Pulsationen gegen eine mechanische Erklärung.

Die Thatsache dürfte also feststehen, dass man durch künstlich herbeigeführten Säureüberschuss im Blute die physiologisch von dem übrigen Herzen getrennte Herzspitze zu länger dauerndem Pulsiren anregen kann. Bei der verhältnissmässigen Widerstandsfähigkeit des Herzmuskels gegen sehr verdünnte Säure und bei der Leichtigkeit, ihn bereits durch sehr schwache Concentrationen zu erregen, hat diese Erscheinung um so weniger etwas Auffallendes, als der in die Blutbahn gebrachte Reiz wegen der Eigenthümlichkeiten der Blutversorgung des Herzmuskels an der denkbar grössten Anzahl von Muskelelementen angreifen und dadurch (wie später gezeigt werden soll) seine Wirksamkeit auf ein Maximum bringen kann. — Ich theile hier einige, die pseudoautomatischen Pulse betreffenden Versuchsbeispiele mit. Bei zwei derselben pulsirte die abgeklemmte Spitze nach mehrfacher Reizung mit Salzsäure, bei den beiden anderen nach HCl-Injection in's Blut.

I. Versuch vom 21. December 1883.

Curar. Frosch. Spitze abgeklemmt.

Mehrfache Reizung der Herzspitze mit HCl verschiedener Concentration (mittels damit getränkter Fliesspapierstückhen von 2 $^{\square\mathrm{mm}}$ Fläche).

An die letzte Reihe schliesst sich eine etwa $^1/_4$ Stunde lang dauernde Pulsation an. Die Herzspitze wird während derselben noch zweimal abgeklemmt; jede folgende Klemmstelle liegt weiter von der Ventrikelgrenze ab. Nach jeder Abklemmung setzen die Spitzenpulse lange Zeit aus, um dann wieder zu beginnen.

Darauf wird das Herz an der Grenze von Sinus und Vorhof ausgeschnitten. Das ganze übrige Herz steht still, die Spitze pulsirt, freilich etwas langsamer, weiter. Darauf wird die Spitze unterhalb der Ventrikelmitte abgeschnitten; ihre Pulse dauern trotzdem weiter. Erst nach mehreren Minuten erlöschen sie.

II. Versuch vom 24. December 1883.

Grosse R. esculenta. Curare. Abklemmung der Spitze.

12^h 40′ wird eine Pravaz'sche Spritze voll 2 procentiger HCl in die Abdominalvene injicirt; die Vene darauf geschlossen. Die Spitze beginnt sofort kräftig zu schlagen. 1^h 12′ wird, da die Pulse fortdauern, die Abklemmung tiefer unten, unterhalb der Ventrikelmitte, wiederholt. Die Spitzenpulse persistiren, sind selbst während des Abklemmens nicht verschwunden. Nach langem Stillstand pulsirt auch, freilich langsam, das zwischen den beiden Abklemmungsmarken gelegene Mittelstück der Kammer, so dass der Ventrikel sich nunmehr in drei Abschnitten in drei verschiedenen Rhythmen contrahirt.

Während der Diastole misst auf der ventralen Seite des Herzens:

die „Spitze" ca. 6^{mm};
der übrige Ventrikel ca. 7^{mm};
davon das Mittelstück $1 \cdot 5^{mm}$.

1^h 40′. Dritte Abklemmung unterhalb der zweiten.

Die Spitze misst jetzt nur noch $3-3 \cdot 5^{mm}$. Dennoch dauern ihre Pulse fort; anfangs frequent, später schnell langsamer werdend. 1^h 48′ sind sie erloschen.

III. Versuch vom 27. December 1883.

Curarisirter Frosch von 54^{grm} Gewicht. Spitze abgeklemmt.

10^h 48′ in die Bauchvene $0 \cdot 8 - 1^{Ccm}$ 2 procentiger Salzsäure injicirt. Schon während der Einspritzung beginnt die Spitze zu schlagen. Die Pulse sind anfangs sehr unregelmässig. 10^h 58′ ist fast regelmässige Rhythmik eingetreten (vgl. Fig. 4).

Die Pulsation der Spitze dauert bis 11^h 46′ an.

IV. Versuch vom 23. December 1883.

Curarisirter Frosch. Spitze abgeklemmt.

Mehrfache Reizungen mit HCl verschiedener Concentration. Nach jeder Reizung wird das Herz mit $0 \cdot 6$ NaCl Lösung abgespült. Die letzte Reizung ergab 50 Pulse in 4′ 30″. Letzte Abspülung 12^h 15′. Trotz derselben pulsirt die Spitze weiter und zwar ziemlich regelmässig. 12^h 17′

wird die Ablemmung an einer tiefer gelegenen Stelle wiederholt. Die Pulse dauern trotzdem fort. Darauf wird die Spitze abgeschnitten. Auch

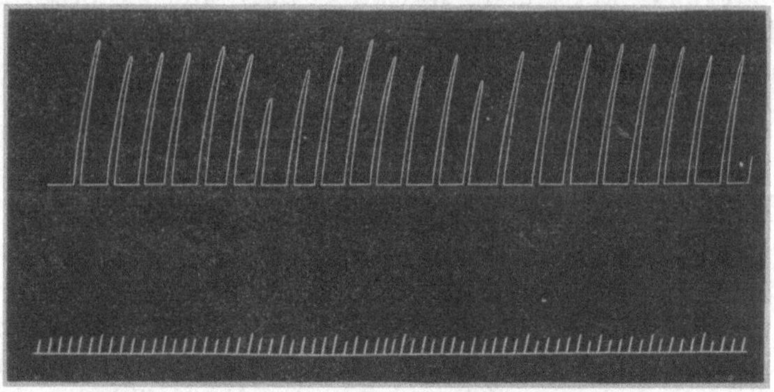

Fig. 4.
Pseudoautomatische Pulse der Herzspitze.

jetzt pulsirt sie weiter. Mit ein wenig Blut umgeben wird sie unter den Schreibhebel gebracht. Bis 12^{h} 45′ lassen sich ihre Pulsationen aufzeichnen (s. Fig. 5). Gegen das Ende sind sie sehr langsam geworden; hin und wieder Gruppen.

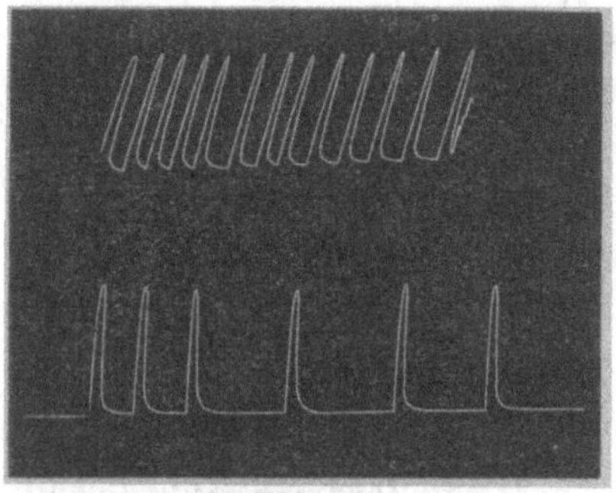

Fig. 5.
Pseudoautomatische Pulse der abgeschnittenen Herzspitze. *a*) Sofort nach dem Abschneiden. *b*) Einige Zeit später. (Beide Zeichnungen bei gleicher Trommelgeschwindigkeit.)

Am zweckmässigsten schliesse ich hier die kurze Besprechung derjenigen pseudoautomatischen Spitzenpulsationen an, die nach Vergiftung mit gewissen Alkaloiden und Glycosiden auftreten.

Bekanntlich sind die ersten „spontanen“ Pulsationen an Herzspitzen beobachtet worden, durch die mit Delphinin vergiftetes Serum geleitet wurde (Bowditch 15). Später hat man mehrere andere Alkaloide ähnlich wirksam gefunden, so das Chinin (Schtschepotjew 16), Muscarin in Verbindung mit Atropin (v. Basch 17), Atropin allein (Loewit 18)[1].

---

[1] Den M. sartorius sah Biedermann (*Sitzungsberichte der k. Akademie der Wissenschaften in Wien.* 1870. III. Abth. Novemberheft S. 12) in Lösungen von Digitalin und Veratrin rhythmische Bewegungen ausführen,

Ich selbst habe nun curarisirten Fröschen, deren Herzspitzen abgeklemmt waren, kleine Dosen einiger Pflanzengifte subcutan oder durch Einspritzung in die Oberschenkelmuskeln beigebracht und danach in mehreren Fällen das Auftreten selbständiger Spitzenzusammenziehungen beobachtet. Ich habe dabei bemerkt, dass diese Versuche häufiger an R. temporaria als an R. esculenta gelingen.

So fand ich wirksam eine alkoholische Lösung von krystallisirtem Aconitin, einem Gifte, das derselben Gruppe wie das oben erwähnte Delphinin angehört. Erfolgreich war ebenfalls die Anwendung von essigsaurem Veratrin. Loewit hatte bei Anwendung des Veratrins keine guten Resultate, offenbar deshalb, weil bei directer Anfüllung des Herzmuskels mit der Veratrinlösung das Gift viel zu schnell seine deletären Wirkungen entfaltet.

Auch Digitalin (von Merck) sowie das ihm verwandte leichter lösliche Helleboreïn führte in manchen Fällen Spitzenpulsationen herbei. Auffallenderweise versagte das derselben Gruppe angehörige Convallamarin (von Merck) und ein starkes aus Convallariablüthen angefertigtes wässeriges Infus (25 : 100). Nach Anwendung der beiden letztgenannten Praeparate trat, schon nach kleinen Dosen, systolischer Stillstand des Ventrikelrestes ein; auch die Herzspitze dehnte sich nach einer künstlich erregten Pulsation schlecht wieder aus.

Unerwartet war mir ein günstiger Erfolg von Morphinum hydrochlor; dagegen fand ich unwirksam salpetersaures Strychnin und Chininsulfat (selbst nach intra venöser Injection). Atropin (Sulfat) zeigte sich nur einmal pulserregend; dass aber auch in den übrigen Fällen wenigstens die Erregbarkeit des Herzmuskels gesteigert war, liess sich daran erkennen, dass die abgeschnittene Herzspitze der Atropinfrösche in der Regel noch eine Reihe von Pulsationen (7 bis 8) machte, ehe sie in dauernden Stillstand verfiel. Diese Beobachtung entspricht ähnlichen Angaben von Ringer und Morshead (19).

Uebrigens ist die Wirkung aller dieser Pflanzengifte eine unsichere; oft versagen die sonst wirksam befundenen völlig; andere Male wirken sie nur kurze Zeit. Deshalb möchte ich auf die erwähnten negativen Ergebnisse keinen allzu hohen Werth legen. Was die positiven anlangt, so möchte ich ihre Wirksamkeit mit der der einfachen chemischen Reize vergleichen: sie sind Herzmuskelreize. Insbesondere muss ich das auch von den Glycosiden der Digitalingruppe behaupten. Der Einfluss dieser Gifte auf den Herzmuskel beschränkt sich somit nicht, wie Schmiedeberg (20) annimmt, darauf, dass sie seine Elasticität verändern. Doch soll damit ein Einwand gegen die überaus ansprechende Theorie der Digitalinwirkung, die der genannte Forscher gegeben hat, nicht gemacht sein; denn aus der reizenden Wirkung des Giftes allein wäre der Digitalinstillstand des Herzens nicht zu erklären. Auch bei der Anwendung einfacher chemischer Praeparate sieht man oft eine Starre des Herzmuskels auftreten, die keineswegs einer tetanischen Reizung, sondern vielleicht ebenfalls einer Elasticitätsveränderung ihren Ursprung verdankt.

Das Digitalin wirkt übrigens auf keinen Fall indirect, etwa dadurch, dass es den Blutdruck und den intracardialen Druck erhöht; denn selbst nach starken Blutentziehungen sah ich das Gift wirksam. Auch schlug die Spitze des ausgeschnittenen digitalinisirten Herzens weiter. Endlich sah ich sogar die abgeschnittene Spitze eines unvergifteten Frosches, die ich in sehr schwache mit Blut versetzte Digitalinlösung fallen liess, darin noch eine ganze Reihe von Pulsationen ausführen.

D. Einfluss der Herzfüllung.

In der Regel ist für die gute Wirksamkeit chemischer Reize eine gewisse pralle Füllung der Herzspitze unerlässlich. Versuche an lebenden Fröschen sind deshalb denen an todten vorzuziehen, Versuche an Herzen mit erhaltener Circulation denen an solchen mit erloschener. Ich habe deshalb fast ausschliesslich curarisirte Frösche benutzt. Soll die Spitze todter

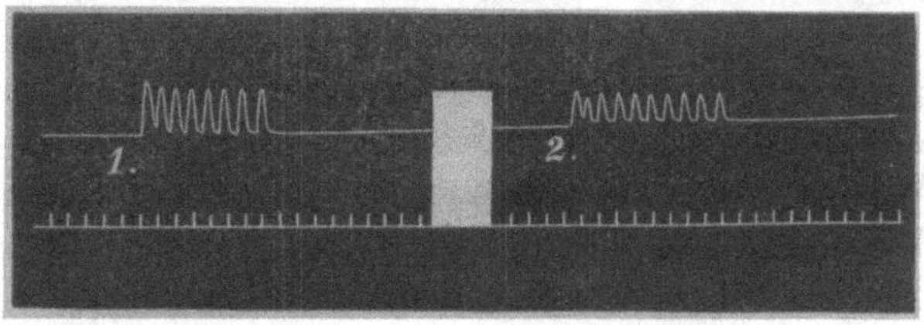

Fig. 7.
Abgeschnittene Herzspitze (R. temporaria). Fühlhebel. Reizung mit verdünnter Natronlauge.

Frösche längere Pulsreihen geben, so thut man gut, das Centralnervensystem von einer in die Schädeldecke gemachten Oeffnung aus zu zerstossen und in den Wirbelcanal schnell einen soliden Tampon einzuführen.

Indessen kann, wie die beistehenden Curven bezeugen, sogar die abgeschnittene Herzspitze auf chemische Reize mit Pulsreihen antworten. Die Zahl dieser Pulse ist selten gross (doch sah ich einmal 20 Contractionen); mehrmalige Reizung ist kaum möglich.

Fragt man sich, woher diese Torpidität der abgeschnittenen Spitze rühre, so wird man sein Augenmerk hauptsächlich auf die cardiotonische Starre zu richten haben, der der nicht gefüllte Herzmuskel nach chemischer Reizung schnell verfällt. Die meisten abgeschnittenen Spitzen antworten auf chemische Reize lediglich mit dieser Starre. Beim abgeklemmten Herzmuskel scheint der Druck, mit welchem das Blut aus den übrigen Herztheilen hineingepresst wird, diese Starre ebenso zu überwinden, wie nach Schmiedeberg's Beobachtung die in manchen Beziehungen ähnliche Digitalinstarre durch stärkeren Füllungsdruck überwunden werden kann. Dass der Einfluss des Blutes hier nur in mechanischer Hinsicht, nicht aber wegen seiner ernährenden Eigenschaften in Betracht kommt, geht daraus hervor, dass ohne Aenderung des Reizerfolges das Froschblut nicht nur durch Kaninchen- und Kalbsblut oder Serum, sondern auch durch reine Kochsalzlösung von 0.6 Procent ersetzt werden kann. So pulsirte die abgeklemmte Spitze eines Kochsalzfrosches nach Reizung mit Na Cl-Krystallen mehr als 60 Mal; eine andere ergab auf Kochsalzreizung 13 Pulse. Auch am Ludwig-Kronecker'schen Froschherzmanometer (21) kann die auf die Doppelwegcanüle aufgebundene, mit Blut oder Salzwasser gefüllte Herzspitze nach chemischer Reizung, z. B. mit Galle, Pulsreihen zeigen. Natürlich muss man hier für den Versuch eine Zeit wählen, in welcher sich der Herzmuskel ohne äusseren Anlass vollkommen ruhig verhält.

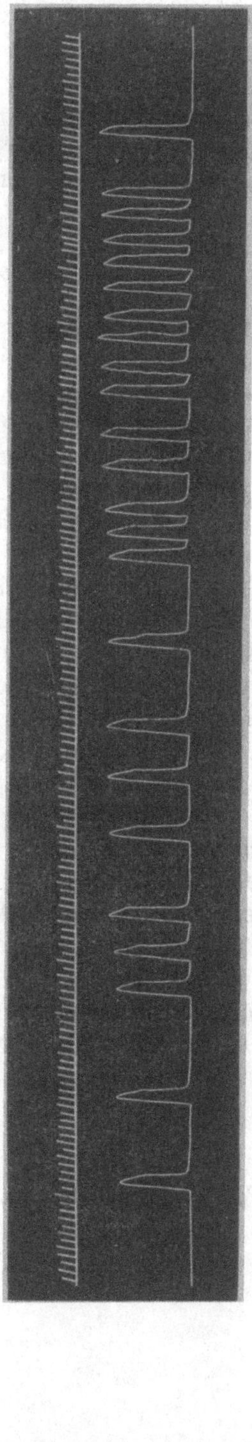

Fig. 7.
Herzspitze am Froschherzmanometer. Füllung mit 0·6 procentiger Kochsalzlösung. Reizung durch Na Cl-Lösung cryst.

Zu dem in Fig. 7 mitgetheilten Versuche diente die mit indifferentem Salzwasser gefüllte Herzspitze eines jener Froschriesen, wie sie sich nicht selten im „Frischen Haff" finden. Die Füllungsflüssigkeit stand unter sehr geringem Drucke. Als Reiz diente ein Kochsalzkrystall von etwa 2 □mm Fläche. Nur das Ende der Curve ist mitgetheilt.

Neben dem mechanischen Einfluss, den die Herzfüllung übt, erhöht sie zweifellos auch die Erregbarkeit des Herzmuskels. Eine in mittelstarker Spannung befindliche Herzspitze ist gegen chemische und mechanische Reize empfindlicher als eine, etwa durch Blutverluste, entspannte. Allzugrosse Steigerung des inneren Herzdruckes setzt hingegen die Erregbarkeit herab.

Es verlohnte der Mühe, die bei verschiedenen Spannungen eintretenden Reizbarkeitsveränderungen einer näheren Untersuchung zu unterziehen. Am Froschherzmanometer wäre eine solche leicht auszuführen. Ich habe bis jetzt genauere Erfahrungen darüber noch nicht gesammelt.

E. Einfluss der Reizstärke.

Die Intensität chemischer Reize kann dadurch abgestuft werden, dass man die Concentration des reizenden Stoffes verändert. Ich experimentirte meistens mit Salzsäure, seltener mit Natronhydrat. Aus starker Salzsäure stellte ich mir Verdünnungen verschiedenen Procentgehaltes her, der Art, dass neben der (seltener angewendeten) stärksten Säure mit einem Gehalt von etwa 20 Procent HCl (spec. Gewicht 1·1259), Säuren von 0·5 Procent, 2 Procent, 5 Procent und 10 Procent HCl zur Verwendung kommen konnten.

Natronhydrat wurde in 0.5 und in 1 procentiger, sowie in concentrirter durch Zerfliessen des Alkalis an der Luft entstandener Lösung benutzt.

Es genügt nicht, diese Reizmittel mit einem Pinsel auf die abgeklemmte Herzspitze aufzutragen; vielmehr ist, wie aus dem folgendem Abschnitte hervorgeht, für eine Untersuchung des Einflusses der Reizstärke Gleichheit der jedesmal gereizten Flächenräume Bedingung. Ich schnitt mir deshalb aus schwedischem Filtrirpapier quadratische Schnitzel von je 2 □mm Fläche. Diese wurden mit der Säure oder der alkalischen Lösung getränkt und auf den Herzmuskel gelegt.

Zu berücksichtigen ist natürlich bei derartigen Versuchen, dass gemäss der verschiedenen Erregbarkeit verschiedener Herzmuskeln ein und derselbe Reiz für den einen schwach für den anderen stark sein kann; dass ein Reiz, der für das eine Herz den Schwellenwerth noch nicht einmal erreicht hat, für ein anderes eine kräftige Erregung herbeiführen kann.

Die folgende Zusammenstellung zeigt nun, in wie weit der Reizerfolg von der Reizstärke beeinflusst wird:

Tabelle I.

Versuch.	Reizmittel.	Concentration.	Zahl der Pulse.
1.	HCl	2 proc.	0
		5 „	11
		10 „	25

2.	H Cl	2 proc.	4
		5 „	6
		10 „	16
3.	H Cl	0·5 proc.	1
		2 „	2
		10 „	12
4.	H Cl	2 proc.	4
		10 „	9
5.	H Cl	2 proc.	4
		10 „	18
6.	H Cl	2 proc.	4
		5 „	11
7.	Na OH	0·5 proc.	3
		1 „	4
		concentrirt	11
8.	Na OH	1 proc.	4
		concentrirt	14
9.	H Cl	2 proc.	4
		10 „	15
		20 „	< 50 (Die Aufzeichnung wurde unterbrochen.)
10.	H Cl	2 proc.	3
		5 „	14
		10 „	24
11.	H Cl	2 proc.	2 (An einer abgeschnittenen Herzspitze.)
		5 „	5
12.	Na OH	0·5 proc.	4
über die ganze Oberfläche der Spitze geschüttet.		1 „	10.

Mit Deutlichkeit geht aus diesen Versuchen hervor, dass mit zunehmender Reizesintensität die Zahl der durch den Reiz hervorgerufenen Spitzenpulse vermehrt wird. Es besteht aber noch ein anderer Einfluss der Reizstärke, der aus den mitgetheilten Daten nicht ersichtlich ist: Mit zunehmender Reizstärke steigt nämlich gewöhnlich auch die Frequenz der Spitzenpulse, die Pulsfolge wird beschleunigt.

Bei geringen Reizwerthen sind die Unterschiede in der Pulsfolge oft gering; sie treten aber sehr deutlich hervor, wenn man ganz schwache und ganz starke Reize mit einander vergleicht.

Die beifolgenden Curvenzeichnungen (Fig. 8) geben von dem Verhalten der Pulszahl und besonders von dem der Pulsfolge ein gutes Bild.

Ist bei starken Reizen die Pulszahl sehr gross, so zeigt nur der erste Theil der Aufzeichnung die Beschleunigung; später gewinnt der Herzmuskel einen ruhigeren Rhythmus, der besonders am Ende der ganzen Reihe dem bei kleineren Reizen erzielten durchaus nicht mehr überlegen zu sein pflegt. — Die Zeit, die vom Beginn der Reizung bis zur ersten Contraction vergeht, die ich oben als Summationszeit bezeichnet habe, ist in der Regel bei schwachen Reizen grösser, als bei starken. Genaue Messungen habe ich darüber aber nicht angestellt. —

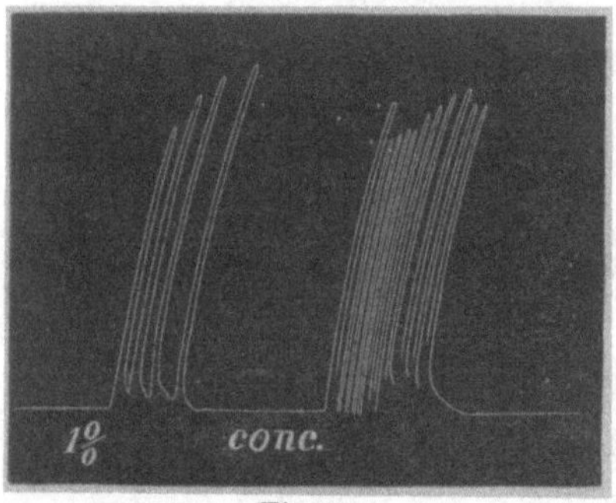

Fig. 8.
Abgeklemmte Spitze. Reizung mit NaOH (2□ mm). 1) NaOH von 1 Proc. 2) NaOH concentrirt. (Siehe Vers. 7 in Tab. I.)

Nach den aufgeführten drei Kriterien, Pulszahl, Pulsfrequenz und Summationszeit lässt sich beurtheilen, ob irgend ein angewandter Reiz schwach ist oder stark. In diesem Sinne sind oben bei Besprechung der einzelnen Herzmuskelreize diese Bezeichnungen gebraucht werden. Doch wird man stets auch die etwaige zerstörende Wirkung des zu beurtheilenden Reizes im Auge behalten müssen. Concentrirte Salzsäure ist gewiss ein starker Reiz, bewirkt doch aber meistens weniger Pulsationen, wie die verdünntere Säure, weil sie schnell zerstört. Da die Pulsationen indessen in solchen Fällen der Reizung sehr bald folgen und von hoher Frequenz sind, wird man den Reiz niemals für einen schwachen halten, besonders wenn man auch das von Zerstörung zeugende Aussehen des Herzmuskels berücksichtigt.

F. Einfluss der Extensität des Reizes.

Die Extensität der chemischen Reize bemesse ich nach der Grösse des jedes Mal gereizten Oberflächenantheiles.

Eine Abstufung dieser Grösse ist nur in unvollkommener Weise ausführbar. Zunächst müsste die Reizstärke in den Vergleichsversuchen dieselbe sein. Ich verwendete meistens krystallisirtes Kochsalz. Unter einer Menge kleiner Salzkrystalle suchte ich mir die regelmässigsten und flachsten aus, bestimmte annähernd ihre Maasse, und war so im Stande 1, 2, 3, 4 □mm Spitzenoberfläche durch Auflegen verschieden grosser Krystalle zu reizen.

Salzsäure und Natronhydratlösung applicirte ich in der Art, dass ich damit verschieden grosse (1—5 □mm) Fliesspapierquadratchen durchtränkte und auf die Herzoberfläche auflegte.

Um Weiterverbreitung gelösten Salzes oder der sonstigen Reizsubstanz zu verhüten, blieb der Krystall oder das Papierchen nicht länger liegen, als unbedingt nöthig war. Nach der Fortnahme wurde über das Herz ein Strom 0·6 procentiger Kochsalzlösung geleitet.

Da verschiedene Theile des Herzmuskels oft ungleiche Erregbarkeit zeigen, prüfte ich öfters die Wirkung desselben Reizes an verschiedenen Stellen.

Endlich bevorzugte ich zu diesen Versuchen „kalte" Herzen, d. h. Herzen, die frisch aus dem Keller geholten Fröschen angehörten. Die Erregbarkeit wärmerer Herzspitzen ist nicht selten so gross, dass schon Kochsalzkrystalle minimalster Grösse so starke Wirkungen geben, dass dieselben von denen grösserer Krystalle kaum noch übertroffen werden können.

Mit Berücksichtigung dieser Punkte gelang es mir, Folgendes festzustellen:

a) *Thatsache der extensiven Schwelle.*

Dass man bei Untersuchung der *Reizstärke* auf einen Minimalwerth stösst, unterhalb dessen liegende Reize unwirksam sind, hat nichts Auffallendes. Bemerkenswerther ist die Thatsache, dass, untermaximale Reize vorausgesetzt, auch *die Grösse des gereizten Herzoberflächenantheiles* ein gewisses Maass überschritten haben muss, damit der Reiz wirksam werde.

Kochsalzkrystalle von 1 □mm Grösse fand ich sehr oft unwirksam, solche von 1.5 □mm zeigten sich viel häufiger, 2 □mm grosse in der Regel wirksam. Aehnlich erging es mit der Salzsäure und dem Natronhydrat geringer Concentrationsgrade.

Für starke Reize, wie z. B. concentrirte Natronlauge scheint ein Reizort geringster Ausdehnung zu genügen. Schon die Berührung eines möglichst geringen Theiles der Herzoberfläche mit einem zugespitzten Natronstäbchen bewirkt eine grössere Pulsreihe.

b) *Je grösser bei gleichbleibender Reizesintensität die gereizte Fläche wird, desto zahlreichere und schnellere Spitzenpulse treten auf.*

Den Beleg für einen Theil dieses Satzes (soweit er von der absoluten Pulszahl handelt) geben folgende Versuche:

Tabelle II.

Versuch.	Reizmittel.	Gereizte Fläche.	Pulszahl.
1.	Na Cl. kryst.	2 □mm	14
		1 „	7
2.	„ „	1 „	9
		2·5 „	12
3.	„ „	1 „	0
		2 „	6
		4 „	35
4.	„ „	1·5 „	9
		1 „	19
	Kochsalz pulver.	maxim.	41
5.	Na Cl. kryst.	1·5 □mm	9
		3 „	17
6.	„ „	1 „	3
		3 „	15
7.	„ „	1 „	1
		1·25 „	4
		2 „	7
8.	„ „	2 „	8
		3 „	12
		5 „	18
9.	„ „	2 „	6
		3 „	59
10.	Na OH 1 Proc.	2 „	5
		3 „	7
		ca. 6 „	24
11.	H Cl. 5 Proc.	2 „	3
		3 „	7
		5 „	20
12.	„ „	2 „	4
		3 „	10
		5 „	14

Die bedeutendsten Wirkungen, die man mit reinem Kochsalz hervorbringen kann, erzielt man, wenn man mit dem feingepulverten Salze die Oberfläche der abgeklemmten Herzspitze, soweit es möglich ist, überschüttet.

Die Zahl der Spitzenpulse betrug in einzelnen gelegentlichen Versuchen:

83 Pulse (in 226″)
38 Pulse.
57 Pulse.
41 Pulse.
85 Pulse (in 338″).
72 Pulse (in 168″).
51 Pulse (in 159″) (vgl. Fig. 9).

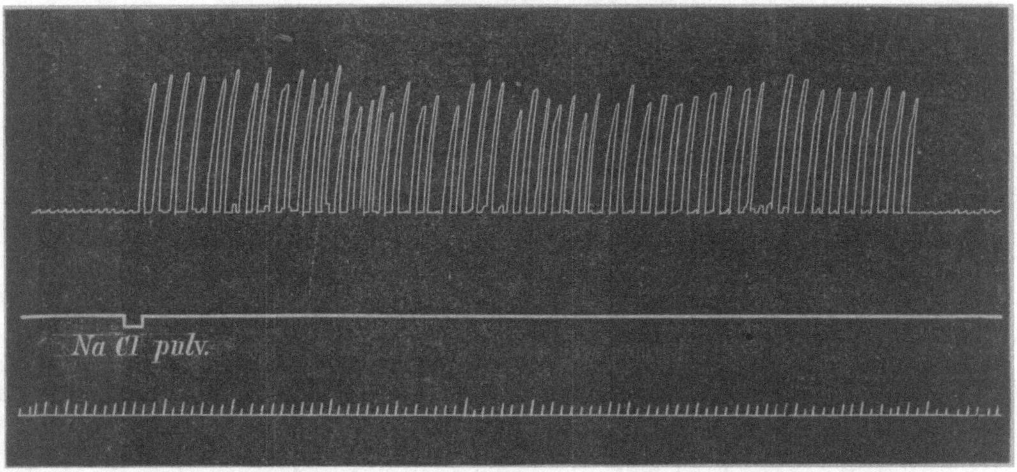

Fig 9.
Ueberstreuen der abgeklemmten Herzspitze mit Salzpulver.

Der Herzmuskel war in diesen Versuchen durch vorausgegangene Reizungen bereits geschädigt; der frische Muskel reagirt vermuthlich noch stärker auf das Kochsalzpulver.

Hört übrigens nach einer so langen Pulsreihe die Herzspitze zu schlagen auf, so kann man nach sorgfältiger Spülung mit 0·6 % Na Cl Lösung durch nochmaliges Aufstreuen von Kochsalzpulver noch recht starke Erfolge erzielen.

Auch Uebergiessen der abgeklemmten Spitze mit gesättigter Kochsalzlösung pflegt kräftig zu wirken; in einem Falle erhielt ich 64 Pulsationen.

Ganz ebenso wie bei den intensiv stärkeren Reizen tritt auch bei den extensiveren neben der vermehrten Pulszahl eine erhöhte Pulsfrequenz auf. Das gilt bei langen Pulsreihen freilich nur für den Anfang. Später wird auch hier der Rhythmus ein gemässigter. Für eine Uebersicht wäre es deshalb kaum nützlich gewesen, wenn ich oben neben der Pulszahl die Zeit, in der sie auftrat, bemerkt hätte. In folgender Zusammenstellung entspricht die Pulszahl der Gesammtzahl der bei der schwächeren Reizung entstandenen Pulsationen. Von den bei der stärkeren Reizung eingetretenen Pulsen wurden nur die ersten benutzt, und zwar von ihnen so viele, als die schwächere Reizung im Ganzen geliefert hatte.

Tabelle III.

Versuch.	Reizmittel.	Ausdehnung.	Pulse.	Zeit.
1.	Na Cl kryst.	2 □mm	12	51″
	„	3 „	12	30″
2.	Na Cl	1 „	13	162″
	„	4 „	13	26″
3.	Na Cl kryst.	1 „	12	47″
	Na Cl pulv.		12	27″
4.	Na Cl kryst.	1·5 „	8	120″
	„	3 „	8	40″
5.	Na HO 1 Proc.	2 „	5	22″
	„ „	3 „	5	18″
	„ „	5 „	5	11″
6.	H Cl 5 Proc.	4 „	7	28″
	„ „	5 „	7	14″
7.	Na Cl kryst.	1·25 „	4	56″
	„	2 „	4	11″
	Na Cl pulv.		4	7″

Man sieht somit, dass man durch Vergrösserung der Reizfläche bei gleichbleibender Reizstärke dasselbe erreichen kann, was man erreicht, wenn man die gereizte Fläche constant lässt, und dabei die Reizintensität vermehrt.

Die in diesen Versuchen angeführten Thatsachen lassen einige allgemeinere Anwendungen zu.

Zunächst die Thatsache der extensiven Schwelle.

Engelmann (22) hat bekanntlich den Nachweis zu führen gesucht, dass im Herzmuskel die Erregung sich „von jedem Punkte aus nach jedem anderen Punkte längs jedes beliebigen anderen Punktes“, also von Muskelzelle durch Muskelzelle zu Muskelzelle fortpflanzen könne. Im Anschluss an diesen Satz hält er für nicht undenkbar, dass zum Entstehen einer allgemeinen Kammerzusammenziehung „nur an einer Stelle der Muskelsubstanz Erregung stattfinde“, gleichgültig, wo diese Stelle gelegen sei. „Eine einzige motorische Nervenfaser“, so fährt er fort, „die aus einer einzigen Ganglienzelle als rhythmisch thätigem Centrum hervorginge, würde somit zur Unterhaltung der Bewegungen der Kammern genügen.“

Gewiss ist diese Vorstellung nicht ungerechtfertigt. Sie trägt aber den bestehenden Beziehungen zwischen Intensität und Extensität der Reize nicht Rechnung.

Es ist gezeigt worden, dass mittlere chemische Reize, um überhaupt wirksam zu sein, mindestens ein gewisses Minimumareal des Herzmuskels treffen müssen; dass Verkleinerung dieses Areals nur dann möglich ist, wenn die Intensität des Reizes sich entsprechend vergrössert.

Haben wir es nun bei den inneren Herzreizen mit schwachen oder mit starken Reizen zu thun? Sicherlich erreichen sie lange nicht diejenige Intensität, die wir unseren elektrischen, chemischen und mechanischen Reizen zu geben pflegen. Der Oekonomie des Organismus entspricht es, wenn man sich den inneren Reiz als von minimaler Stärke vorstellt. Je schwächer aber der Reiz, desto grösser muss die Fläche sein, an der er angreift. Er wird ein Minimum sein dürfen, wenn die gereizte Fläche ein Maximum wird. Werden also von irgend einem Punkte der Herzkammer aus die Erregungsimpulse dem Herzmuskel zugesendet, so werden dieselben von minimaler Stärke sein dürfen, wenn sie nicht ein einzelnes Element oder einige Elemente, sondern wenn sie alle Muskelelemente gleichzeitig ergreifen.

Ein weiterer Punkt bedarf ebenfalls der Erörterung. Schwache Reize geben, auf eine grössere Fläche ausgedehnt, ebenso kräftige Wirkungen, wie starke, aber weniger extensive Reize; und Reize, die für einen geringen Extensitätswerth die Erregungsschwelle nicht erreichten, werden bei grösserer Ausdehnung wirksam. Nicht allein die Stärke des Reizes, sondern auch die Zahl der gereizten Muskelelemente beeinflusst also den Effect der Reizung.

Das lässt sich am einfachsten verstehen, wenn man annimmt, dass die Erregungen der einzelnen Muskelelemente sich zu einander addiren und dass nach dem Resultate dieser Summation der Herzmuskel Zahl und Frequenz seiner Zusammenziehungen einrichtet.

Die Verhältnisse liegen ähnlich wie bei der Netzhaut. Auch hier werden Erregungen, die, wenn sie nur wenige Netzhautelemente treffen, zu schwach sind, um eine Empfindung auszulösen, wirksam, wenn sie sich über einen grösseren Flächenantheil erstrecken. „Wir werden uns vorstellen müssen," meint Aubert (23), „dass die Netzhautelemente einander unterstützen oder zusammenwirken und die Summe ihrer einzelnen Erregungen zur Erregung einer Empfindung die erforderliche Grösse hat, während die einzelne Erregung zu klein ist." Allerdings ist die Analogie keine vollständige. Die Summation der Erregungen der Netzhautelemente kommt muthmasslich in einem nervösen Centralorgane zu Stande, dessen Erregungsgrösse sich einmal nach der Stärke, dann aber auch nach der

Zahl der ihm gleichzeitig zufliessenden Erregungen richten wird. Beim Herzmuskel ist der primär in einzelnen seiner Abschnitte gereizte zugleich der mit seinem Ganzen auf diesen Reiz in Thätigkeit gerathende Apparat. Für diese resultirende Thätigkeit scheint es also ebenso wie für die quantitative Erregung des optischen Centralapparates gleichgültig zu sein, ob eine gewisse Reizgrösse durch ein auf eine kleine Zahl von reizempfänglichen Elementen concentrirte oder auf eine grössere dispergirte Reizung zu Stande gekommen ist.

Von der anderweitig festgestellten Fähigkeit des Herzmuskels, successive Reize zu summiren, scheint sich in ihren Ursachen diese „räumliche Summation“ principiell zu unterscheiden; denn jene beruht allem Anschein nach darauf, dass jeder, selbst ein unwirksamer Reiz, die Erregbarkeit des Herzmuskels für den nächstfolgenden Reiz steigert.

G. Einfluss des Reizmittels.

Die Zahl der Spitzenpulsationen, mehr noch ihre Frequenz, ist verschieden, je nach dem Reizmittel, zu welchem man greift. Es ist schwer, darüber genaue Angaben zu machen. Indessen kann ich so viel sagen, dass die Reizerfolge bei Anwendung kaustischer Alkalien (Natronstift) in jeder Beziehung stärkere sind, als bei Application von concentrirten

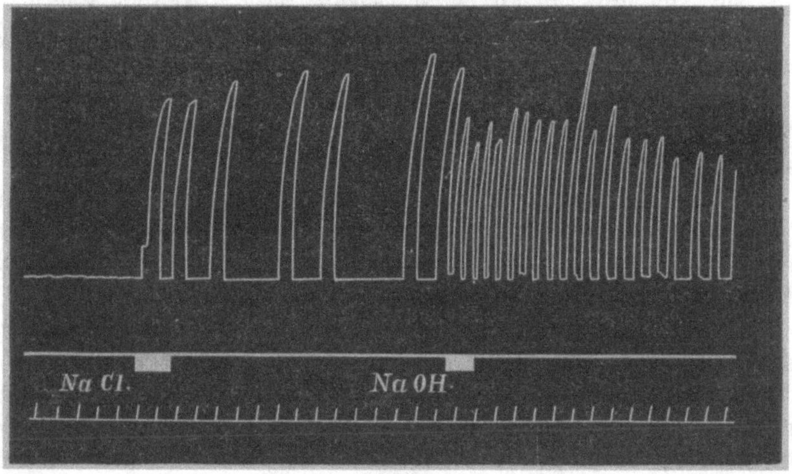

Fig. 10.

Abgeklemmte Spitze. Reizung zuerst mit concentrirter Kochsalzlösung, später mit dem Natronstift.

Kochsalzlösungen. Starke, tief dunkelgrün gefärbte Froschgalle steht in ihren Wirkungen ungefähr zwischen dem Chlornatrium und dem Natronhydrat in der Mitte.

Das Verhältniss zwischen den beiden letztgenannten Agentien zeigte sich besonders deutlich in einigen Versuchen, in denen ich eine unter dem Einflusse von Na Cl pulsirende Herzspitze plötzlich mit NaOH berührte.

So ist z. B. die beifolgende Curve gewonnen. Erneute Reizung eines durch NaCl pulsirenden Herzens mit NaCl kann zwar ebenfalls die gesunkene Frequenz heben, hat aber niemals Erfolge, die mit denen des Natronstiftes zu vergleichen wären. Wahrscheinlich beruhen die in Rede stehenden Verschiedenheiten auf Intensitätsunterschieden. Das kaustische Natron stellt muthmaasslich einen höheren Reizungsgrad dar, als die concentrirte Kochsalzlösung.

H. Einfluss der Temperatur.

Dass die Einflüsse der Temperatur auf die Erfolge der chemischen Herzmuskelreizung nicht unbedeutende sein würden, liess sich nach einigen vorhandenen Angaben voraussehen. So sahen Ludwig und Luchsinger (24) die unter Druck pulsirende Herzspitze bei höheren Temperaturen schneller pulsiren, als bei geringeren. Eine unter Druck von 25 cm Salzwasser stehende Spitze pulsirte bei 18° gar nicht, machte aber bei 30° 10 Pulsationen in der Minute. v. Basch (25) sah die durch Inductionsschläge geprüfte Erregbarkeit der Herzspitze bei Erwärmung steigen. Schon vorher hatte Kronecker (26) dieselbe Thatsache festgestellt. Ich selbst kann diese Zunahme der Erregbarkeit des Herzmuskels unter dem Einflusse der Wärme bestätigen.

Chemische Reize, die bei warmen Herzen zahlreiche Pulse auslösten, waren bei abgekühlten schon oft unwirksam. Unwirksame chemische Reize wurden nach Erwärmung des Versuchsthieres wirksam.

Verwendet man von vornherein unfehlbare Reize, so sieht man deren Wirkung mit zunehmender Temperatur sich steigern. Zuweilen zeigt sich das darin, dass die absolute Pulszahl in der Wärme wächst. Doch kommen vielfach Ausnahmen vor. Sicher aber ist das ungemeine Anwachsen der Pulsfrequenz in der Wärme, das starke Sinken in der Kälte.

Folgende Tabelle (IV) giebt über diese Verhältnisse genauere Angaben.

Zur Erwärmung und Abkühlung des Frosches diente die oben (S. 4) beschriebene Vorrichtung. Zur Reizung dienten in den Vergleichsversuchen gleichgrosse Krystalle von Kochsalz oder mit verdünnter Salzsäure getränkte Filtrirpapiere von 2 □mm Fläche.

Die durch Einfüllung von warmem Wasser in das Lager des Frosches erhöhte oder durch Schneebepackung und Einfüllung von Eiswasser herabgesetzte Temperatur wurde entweder nach dem Thermometerstande des Lagerthermometers geschätzt oder, wie in den letzten 3 Versuchsreihen, durch ein in den Magen des Frosches eingeführtes in 0.2° C. getheiltes Thermometer gemessen. Selbstverständlich verdient die Messung im Magen das grössere Vertrauen. Die Temperatur des freigelegten Herzens war wohl aber stets etwas geringer als die im Magen gemessene. Im Uebrigen wurde in manchen Versuchen die Pulsfrequenz des übrigen Herzens („Herzrest") aufgenommen, da diese einen guten Anhaltspunkt für die Beurtheilung der Temperatur des Herzens giebt.

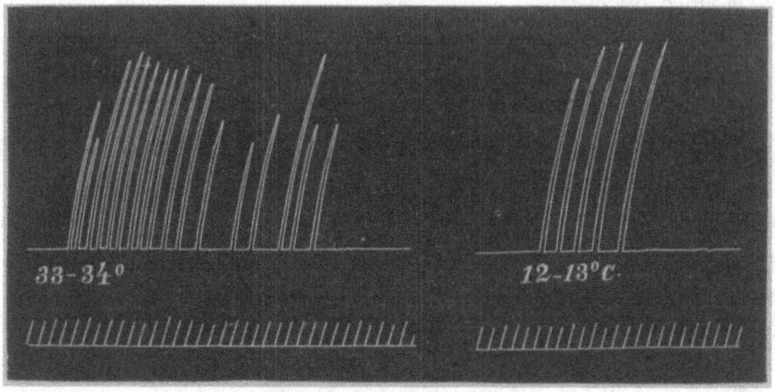

Fig. 11.

Reizung der abgeklemmten Spitze mit NaCl-Krystallen von 0·75 □mm; erst bei Erwärmung auf 33—34° C.; später bei 12—13° C. (Vgl. Versuch 1, Tab. IV.)

Die fünfte Columne zeigt das Reizmittel an; die sechste und siebente enthalten die Angaben über die absolute Pulszahl und die Zeit, in der diese Pulse abliefen. Die in Klammern eingefügten Zahlen enthalten Zahl und Dauer der ersten Pulse der entsprechenden Reihe. Sie wurden hinzugefügt, um den Vergleich mit den gleichzahligen Pulsreihen anderer Temperaturgrade zu erleichtern.

Die bedeutende Aenderung der Pulsfrequenz wird besser als durch Zahlenangaben noch durch Mittheilung der Pulscurven dargethan.

Fig. 11 entspricht dem Versuch 1 der Tabelle IV.

Man ersieht aus dieser Aufzeichnung zugleich, dass die Frequenzunterschiede zum Theil auf Aenderung der Pause zwischen zwei Pulsen beruht — bei Erwärmung kann die Pause gleich Null werden; einen grossen Antheil aber an der Veränderung der Pulsfolge hat daneben auch der Ablauf der einzelnen Pulscurven. Während die Curve des erwärmten Herzens steil ansteigt und schnell abfällt, zeigt die des abgekühlten jenen ungemein langgestreckten Verlauf, den wir seit Cyon's (27) graphischen Untersuchungen über den Einfluss von Wärme und Kälte auf

Tabelle IV.

Versuch.	Temperatur des Lagers.	Temperatur des Thieres.	Pulsfrequenz des Herzrestes.	Reizmittel.	Zahl der Spitzen-Pulse.	Dauer der Spitzen-Pulsation.
1) a.	33-34° C.		22 in 15″	0,75 □mm NaCl kryst.	17 (5)	44″ (8″)
b.	12-13° C.		12-13 in 15″		5	15″
2) a.	36° C.			0,75 □mm NaCl kryst.	9	16″
b.	36° C.			„ „	11	20·5″
c.	12° C.			„ „	8	20·9″
3) a.	13° C.		11 in 15″	1 □mm NaCl kryst.	7	19″
b.	15°		11 in 15″	„ „	5	16″
c.	37°			„ „	5	8″
d.	35°			„ „	10 (5)	19″ (6″)
e.	16°			„ „	6	82″
f.	16°			„ „	8	81″
4) a.	35° C.			2 □mm HCl 2 %	11	16″
b.	0°			„ „	4	17″
5) a.	37° C.		20 in 15″	2 □mm HCl 0·5 %	9	12″
b.	14°		10 in 15″	„ „	10	33″
c.	wenig über 0°		6 in 15″	„ „	1	—
d.	wenig über 0°		6 in 15″	2 □mm HCl 2 %	7 (3)	72″ (14″)
e.	wenig über 0°		5 in 15″	„ „	3	17″
f.	wenig über 0°		4 in 15″	„ „	3	29″
6) a.		14·6-15° C.	10 in 15″	1 □mm NaCl kryst.	9	85″
b.		1·4-1·8° C.	3 in 15″	„ „	(9)	(215″)
7) a.		11·6° C.	8 in 15″	1 □mm NaCl kryst.	8	34″
b.		1·4-1·8° C.	3 in 15″	„ „	(8)	(171″)
8) a.		2·4-3·5° C.	4 in 15″	1 □mm NaCl kryst.	6	172″
b.		2° C.	4 in 15″	„	3	80″
c.		20-22° C.	16 in 15″	„	7	20″
d.		23° C.	17 in 15″	„	24 (6)	106″ (12″)

das ganglienhaltige Herz kennen. Die Zuckung des warmen Herzmuskels verläuft nicht selten in dem sechsten oder noch geringeren Theile der Zeit, die der Puls eines kälteren Herzmuskels beansprucht. In einem Falle vollendete die eiskalte Spitze eine Pulsation in 13 Secunden; während dieser Zeit hatte ich vorher bei Erwärmung nicht weniger als 10 Pulse erfolgen sehen. Die Dauer des Spitzenpulses in der Wärme kann sogar nur Bruchtheile einer Secunde betragen.

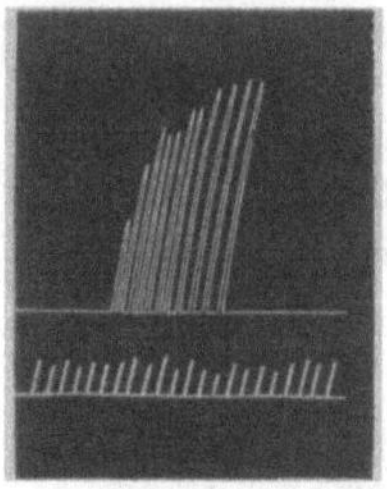

Fig. 12.
Pulse einer warmen Herzspitze (35° C.). Reizung mit 2 % HCl 2 □Mm.

Diese Erfahrungen legen die Frage nahe, ob und in wie weit die wesentlichen Erfolge thermischer Einwirkungen auf das ganze Herz auf Rechnung des Herzmuskels zu setzen seien.

Die Veränderung der Zuckungscurve des Herzens in der Wärme kann nur auf den Muskel bezogen werden, dessen Contractionsverlauf mit der Temperatur sich ähnlich ändert, wie der eines Skeletmuskels es thut. Auch für die Deutung der Frequenzänderungen gewähren die oben angeführten Versuche insofern einen Anhaltspunkt, als sie wenigstens die Mitbetheiligung des Herzmuskels wahrscheinlich machen. Unzweifelhaft trifft (falls man die Vorstellung acceptirt, dass ein von den Ganglienzellen ausgesendeter Dauerreiz den Herzmuskel trifft, und zu periodischen Entladungen veranlasst) in der Wärme ganz ebenso wie der in meinen Versuchen ange-

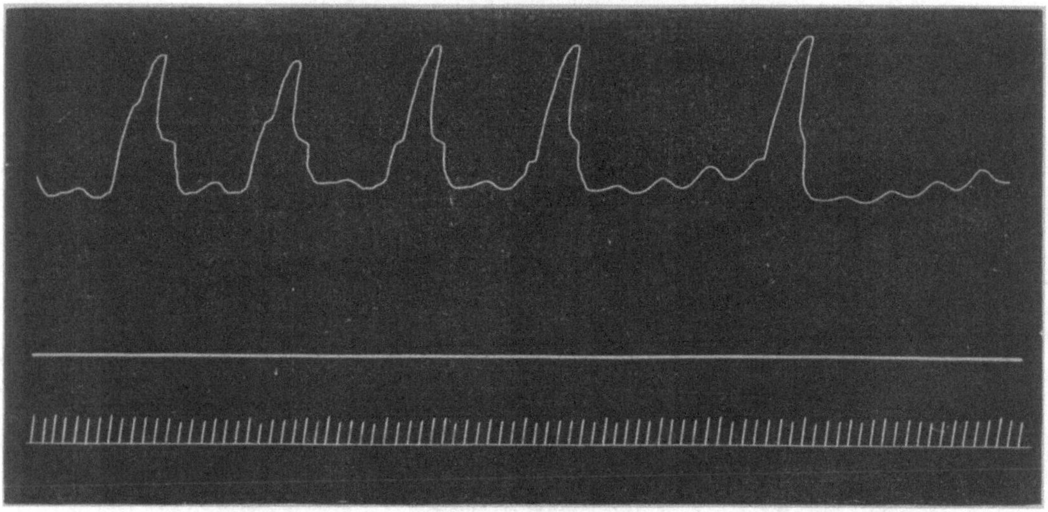

Fig. 13.
Pulse einer abgekühlten Spitze (Schneepackung). Reizung mit krystallisirtem Kochsalz.

wendete chemische Reiz auch der „innere Reiz“ auf eine habilere Muskelmasse, die denselben Anstoss, der sie vorher zu langsamer Schlagfolge führte, nunmehr mit einer frequenten Pulsreihe beantworten wird. Andererseits können indess, von den regulatorischen Herznerven ganz zu schweigen, die sehr wahrscheinlichen Einflüsse der Wärme auf die nervöse Bewegungscentren des Herzens nicht ausser Acht gelassen werden. Werden in ihnen die inneren Herzreize gebildet — und ich glaube nicht, dass man sich dieser Anschauung entschlagen darf — und sind diese chemischer Natur, so wird man schliessen müssen, dass die Wärme, die alle organischen Dissociationsprocesse steigert, sie vermehre, die Kälte sie vermindere. Man käme somit zu dem Ergebniss, dass in der Wärme erstens ein stärkerer Reiz ausgesendet werde als in der Kälte, und dass dieser auf ein erregbareres Erfolgsorgan wirke. Daraus muss aber eine gesteigerte Pulsfrequenz hervorgehen.

Auch am Eintritte der sogenannten Wärmelähmung des Herzens scheinen beide Gebilde ihren Antheil zu haben. Wenn man an einem mit Spitzenklemmung versehenen erwärmten Herzen zu einer Zeit, wo der Herzrest der Wärme zu erliegen droht, die Spitze chemisch reizt, so kann man langsamere Pulsationen erhalten, als zuvor bei geringeren Temperaturgraden. Bekanntlich ist auch der Rhythmus des ganzen, der Wärmelähmung nahen Herzens oft verlangsamt.

Der Muskel leidet also unzweifelhaft auch unter der Wärme. Wahrscheinlich wird sowohl in ihm wie in den Ganglien bei längerer oder stärkerer Wärmewirkung der Stoffumsatz derartig gesteigert, dass die daneben einhergehenden Restitutionsprocesse ihren so vergrösserten Aufgaben nicht mehr genügen können. Das Resultat dieses Missverhältnisses ist die Lähmung oder, wenn man will, die Erstickung.

Eine weitere thermische Erscheinung an der Herzspitze, die hier Erwähnung finden möge, ist folgende:

Man sieht vielfach bei abgekühlten Herzspitzen die Zeit, die zwischen Reiz und erster Contraction verfliesst, bedeutend wachsen, in der Wärme dagegen sich auf ein Minimum verkürzen. Daraus auf eine Veränderung der Latenzzeit zu schliessen, wäre eben so unberechtigt, wie wenn man aus den bekannten Erfahrungen bei der Türck-Setschenow'schen Reflexmessungsmethode Schlüsse auf Aenderungen der „Reflexzeit“ machen wollte.

Hier wie dort handelt es sich um Summation von Reizen, und die zwischen Reiz und Antwort verfliessende Zeit giebt nur an, bis zu welcher Höhe der Reiz anwachsen musste, um wirksam zu werden. Schwache chemische Reize zeigen deshalb eine längere „Summationszeit“, als starke (s. o.), und bei der durch Wärme gesteigerten Erregbarkeit des

Herzmuskels wird ihre Dauer sinken, bei der durch Kälte herabgesetzten dagegen steigen müssen. Eine andere Frage aber ist, ob nicht auch die wahre Latenzzeit in der Wärme sinkt, in der Kälte steigt. Nur elektrische Einzelreize sind im Stande, diese Frage zu beantworten.

Schliesslich will ich noch eine bereits oben erwähnte Beobachtung anschliessen: wenn es gelingt, nach häufiger Anwendung der Salzsäure als Reizmittel, die Herzspitze in pseudo-automatischen Rhythmus verfallen zu sehen, dann wird die so erzielte Schlagfolge durch Erwärmung beschleunigt, durch Abkühlung verlangsamt. Die Herzspitze verhält sich auch hier wie ein ganzes Herz.

Es scheint mir passend, hier gewisser Erscheinungen bei erwärmten Herzen zu gedenken, die freilich mit chemischer Reizung nichts zu thun haben. Es giebt Fälle, in denen die abgeklemmte Herzspitze unter dem Einflusse höherer Temperatur spontan zu schlagen beginnt.[1]

Herr Stud. Aronson, der die Untersuchung dieses Gegenstandes übernommen hatte, sah freilich diesen Erfolg nur äusserst selten eintreten; besonders die Frösche des Spätwinters erschienen wenig zu diesen Versuchen geeignet. Die zumeist curarisirten Thiere wurden nach Abklemmung der Spitze entweder in einen mit warmen Dämpfen erfüllten Wärmekasten oder in ein Bad von erwärmter 0·6 procentiger Kochsalzlösung gebracht. Die Temperatur schwankte zwischen 30 und 40° C.

In günstigen Fällen sieht man nun einige Minuten nach dem Beginn der Erwärmung selbständige Spitzenpulse erscheinen. Sie schliessen sich manchmal den Pulsationen des Herzrestes in der Weise an, dass genau auf 1, 2, 3 oder 4 Herzrestpulse ein Spitzenpuls folgt. Wir nahmen deshalb anfangs an (28), dass es sich hier nicht um eigentlich spontane Spitzenpulse handle, sondern dass die Ursache derselben die Dehnung des Herzmuskels durch die Blutfüllung sei, die bei gewöhnlicher Temperatur deshalb nicht zur Geltung komme, weil der Herzmuskel nicht die genügende Erregbarkeit besitze, dass die Wärme somit hier nur erregbarkeitssteigernd wirke. Spätere Erfahrungen haben gelehrt, dass man mit dieser Auffassung nicht auskommt. Erstens sieht man manchmal keinerlei

[1] Marchand (Pflüger's *Archiv* u. s. w. Bd. XVIII. S. 518) sah starke und sehr plötzliche Steigerung der Temperatur auf das die Ganglien enthaltende Ventrikelpraeparat sicher erregend wirken, während sich an der (abgeschnittenen) Herzspitze weder durch allmähliche noch durch plötzliche Erwärmung jemals Contractionen erhalten liessen.

Harmonie zwischen Herzrest- und Spitzenpulsen. Zweitens gelang es, in einem Falle den ganzen Herzrest durch Muscarin zum Stillstand zu bringen, während die Spitze zu pulsiren fortfuhr.

Die Wärme scheint also nicht nur die Erregbarkeit des Herzmuskels zu steigern, sondern ihn auch zu erregen. Erregbarkeitserhöhung und Erregung sind eben, wie das oft ausgesprochen wurde, nur in quantitativer Hinsicht von einander verschieden. Bekanntlich tritt auch bei Skeletmuskeln nur selten eine erregende Wirkung der Wärme auf.

Will es nicht gelingen, den erwärmten Herzmuskel zum Schlagen zu bringen, so vermag man doch, und das gilt fast für alle Fälle, ihn durch einmalige mechanische Reizung zu Pulsationsreihen zu veranlassen. Häufig genügt dazu schon ein mässiger Druck. In einzelnen Fällen schloss sich der einmaligen mechanischen Reizung ein lange dauerndes „spontanes" Pulsiren der Herzspitze an.

---

4. Locale chemische Reizung des Herzmuskels am unversehrten Herzen.

Ich habe hier über eine merkwürdige Erscheinung zu berichten, die noch nicht genügend aufgeklärt ist, die mir aber nicht ohne Bedeutung zu sein scheint.

Wenn chemischen Reizen gegenüber der Herzmuskel sich so empfindlich verhält, wie das aus den bisher berichteten Versuchen hervorgeht, und wenn er auf circumscripte Reizung mit totaler Zusammenziehung antwortet, wird sich leicht die Frage ergeben, wie sich der Rhythmus des ganzen schlagenden Herzens verhalten möge, wenn plötzlich auf einen umschriebenen Theil seines Muskels chemische Reize einwirken. Ist eine locale Reizung des schlagenden Herzens im Stande, dessen Rhythmus zu verändern? Keine Reizungsform, wie die chemische, scheint so geeignet, diese Frage zu beantworten, die strenge Localisation elektrischer Reize stösst auf sehr grosse Schwierigkeiten; von mechanischen Reizen kämen höchstens die schwächsten in Betracht, weil starke mit Zerrung und Quetschung benachbarter Theile verbunden sind.

Zur Ausführung der Versuche, deren ich eine nicht geringe Zahl angestellt habe, wurde das ganze unversehrte Herz mit dem Zughebel durch ein in die äusserste Spitze geheftetes Häkchen verbunden. Die Contractionen des Ventrikels zeichneten sich dann vortrefflich auf. Die Reizung des Herzmuskels (möglichst localisirt) geschah in elf Fällen durch NaCl-Krystalle, in drei Fällen durch Kaninchengalle, in drei anderen durch

NaOH conc. Sol., in einem durch Auflegen eines etwa $2\,\square^{\mathrm{mm}}$ grossen, mit 2 Procent HCl getränkten Fliesspapierblättchens.

In allen diesen Fällen zeigte sich die Reizung gänzlich wirkungslos. Der Rhythmus des Herzens blieb ungeändert; nur die Höhe

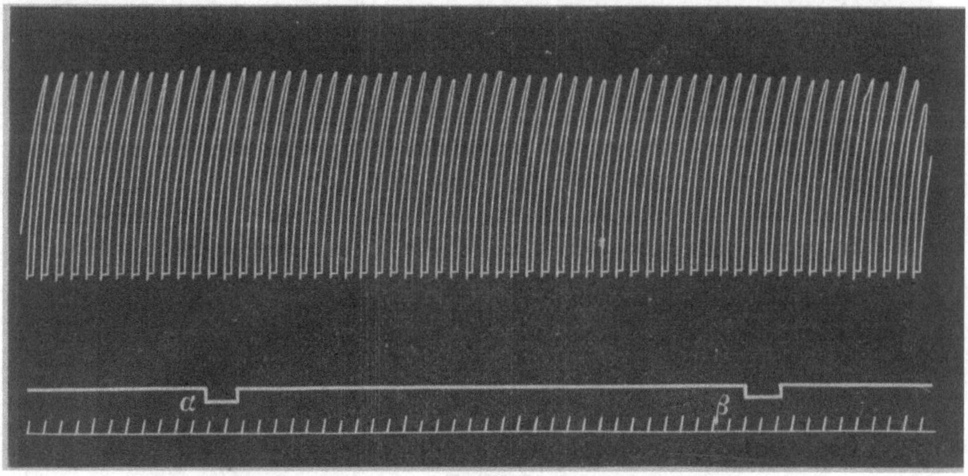

Fig. 14a.

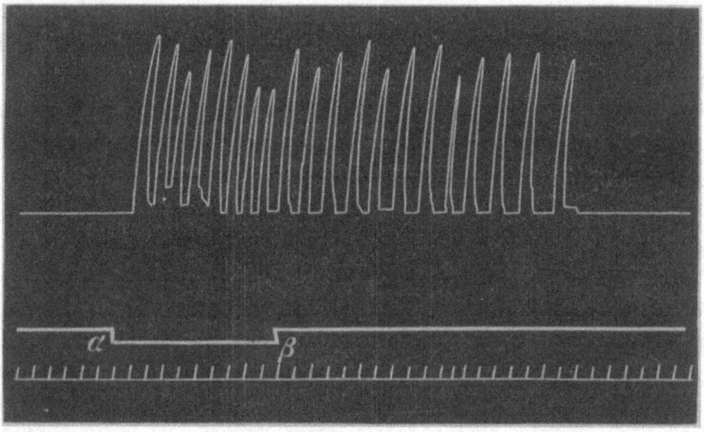

Fig. 14b.

Reizung des Herzmuskels mit NaCl (krystallisirt).
a) am ganzen Herzen.
b) an der abgeklemmten Spitze desselben Herzens.
Bei α wird der Krystall aufgelegt, bei β entfernt.

der Herzcurven erlitt zuweilen (bei Galle und Natronhydrat) eine Verkleinerung, die aber lediglich auf die Ausbildung localer Starre zurückzuführen ist.

In den meisten dieser Versuche wurde nachher die Spitze in gewohnter Weise abgeklemmt; an ihr zeigten sich die nochmals applicirten Reize von schönster Wirkung: der locale Reiz regte totale Zusammenziehung der Herzspitze an.

Fig. 14 giebt für das Gesagte den graphischen Beleg.

Welches ist die Ursache dieses eigenthümlichen Verhaltens?

Vielleicht war daran Schuld der ohnehin bereits schnelle Rhythmus des Herzens, den die chemische Reizung des Herzmuskels nicht mehr zu steigern vermochte.

Ich sah aber dieselbe Erscheinung an Herzen, deren Frequenz durch Kältewirkung erheblich heruntergesetzt war, und die chemische Reizung bewirkte an der abgeklemmten Spitze zuweilen eine schnellere Pulsfolge, als vorher am ganzen Herzen zu beobachten war. War die allzu geringe Spannung des Herzmuskels im schlagenden Herzen die Ursache? Die abgeklemmte Spitze ist ja gewöhnlich prall gefüllt, und diese Prallheit begünstigt zweifelsohne die Wirkung chemischer Reize.

Gegen diese Deutung spricht folgende Erfahrung. In einem Falle, in welchem Kochsalzreizung am ganzen Herzen sich als unwirksam gezeigt hatte, in welchem sie aber nach Abklemmung der Spitze gute Wirkungen hatte, wurden die Aorten angeschnitten. Die zu einer Zusammenziehung veranlasste Spitze blieb nach derselben dauernd schlaff, viel schlaffer als die des schlagenden Herzens in irgend einer Phase desselben gewesen war. Nichtsdestoweniger traten auch jetzt noch auf Reizung mit NaCl 8 bis 10 deutliche unter zunehmender Starre des Herzmuskels immer schwächer werdende Pulsationen der Spitze ein.

Aeussere Ursachen scheinen überhaupt an der in Rede stehenden Erscheinung nicht Schuld zu sein; vielmehr muss sie jedenfalls auf die inneren Einrichtungen der rhythmischen Herzthätigkeit zurückgeführt werden. Halten wir die Unveränderlichkeit des Herzrhythmus durch locale Herzmuskelreizung zusammen mit der Erfahrung, dass Reize, welche die Ganglienzellen des Herzens treffen, den Rhythmus desselben in ausgiebiger Weise zu verändern vermögen, so liegt der Schluss nahe, dass die Schlagfolge des thätigen Herzens für gewöhnlich nicht durch directe Erregungen des Herzmuskels, sondern nur durch die Thätigkeit seiner nervösen Centralapparate bestimmt werde. In wiefern freilich anderweitige Thatsachen mit dieser Folgerung übereinstimmen, ist eine andere Frage.

Von Wichtigkeit ist, dass ein in reiner myogener Action befindlicher Herzmuskel localen intercurrenten Reizen gegenüber sich ganz anders verhält als das unter der Herrschaft seiner nervösen Centren schlagende Herz.

Bringt man nämlich den ganglienlosen Herzmuskel durch eines der dazu zu Gebote stehenden Mittel zum rhythmischen Schlagen, so kann diese Schlagfolge durch intercurrente Localreize verändert werden. So sieht man die unter dem Einflusse eines Kochsalzreizes pulsirende abgeklemmte Herzspitze durch locale Einwirkung von caustischem Natron ihre Frequenz vermehren (s. oben S. 33). Auch die am Froschherzmanometer anscheinend spontan schlagende Spitze vermehrt ihre Frequenz bei Anbringung eines chemischen Reizes auf ihre äussere Oberfläche.

Das hier untersuchte Verhalten des ganzen Herzens bei localer Herzmuskelreizung scheint im Zusammenhange zu stehen mit der in neuerer Zeit vielbesprochenen „localen Diastole." Auch bei denjenigen Reizungen, die diesen Zustand herbeiführen, bleibt der Rhythmus des ganzen Herzens ungestört.[1]

Schliesslich sei angeführt, dass der erste Entdecker der localen Diastole Schiff bereits in seiner Schrift „über den Modus der Herzbewegung" bemerkt hat, dass beim schlagenden Herzen locale Reizwirkungen möglich sind, ohne dass die Totalität des Herzens mit ergriffen werden muss.

Die Kliniker werden zu entscheiden haben, inwiefern derartige Erscheinungen für die Pathologie des Herzens von Bedeutung sind. Mir scheint es in Rücksicht auf diese nicht unwichtig, dass bedeutende und langwirkende Traumen den Herzmuskel treffen können, ohne seinen Rhythmus in irgend einer Weise zu alteriren.

---

5. Ueber die Pulsationen der Herzspitze nach Perfusion fremder Flüssigkeiten.

Die Geschichte dieser Versuche ist zu bekannt, als dass ich hier eine eingehende Darstellung derselben zu geben nöthig hätte. Nur die Hauptdaten seien deshalb in Erinnerung gebracht.

Seitdem Bowditch (31) im Jahre 1871 die Beobachtung gemacht hatte, dass die mit delphininhaltigem Blutserum gefüllte Herzspitze selbständige Contractionen macht, begann man der Rhythmik des Herzmuskels eine grössere Aufmerksamkeit zuzuwenden. Eine grössere Bedeutung gewannen die viel citirten Versuche von Merunowicz (32). Glaubte er doch

---

[1] So sagt Rossbach (29): „Die nur einen Moment applicirten mechanischen Reize haben nicht den geringsten Einfluss auf die Frequenz der Herzschläge." Rossbach sah übrigens auch bei chemischer Localreizung des Herzmuskels die örtliche Erschlaffung auftreten.

aus ihnen, im Widerspruche mit aller physiologischen Tradition, den Schluss ziehen zu dürfen, dass im Bereiche der Herzspitze ebensogut, wie in dem des Vorhofes und den unmittelbar an der Querfurche gelegenen Kammertheilen automatische Erreger des Herzschlages enthalten seien. Mit Säugethierblut versetzte indifferente Salzlösung, in geringerem Grade centrifugirtes Kaninchenserum sollte geeignet sein, die Herzspitze in den zur Ausführung automatischer Pulse geeigneten Ernährungszustand zu versetzen; ja in der auf diese Weise zum Schlagen gebrachten Herzspitze konnte die Speisungsflüssigkeit sogar mit 0·6 procentiger Kochsalzlösung vertauscht werden, ohne dass die Pulsation verschwand.

Gegen die Schlussfolgerung von Merunowicz erhob alsbald Bernstein (33) Einspruch. Sein ebenso einfacher als schlagender Versuch lehrte, dass die mit Froschblut gefüllte im lebenden Frosche verbleibende Herzspitze keineswegs automatisch schlägt, ohne äussere Anregung vielmehr dauernd in Ruhe verharrt, trotzdem sie sich in den denkbar günstigsten Ernährungsbedingungen befindet. Bernstein zögerte nicht den Schluss zu ziehen, dass in den Versuchen von Merunowicz die Füllungsflüssigkeit nicht einfach ernährend, sondern chemisch reizend gewirkt habe.

Bowditch, Aubert u. A. haben die Bernstein'schen Versuche bestätigt und erweitert.

Andererseits blieb auch die Bestätigung und Erweiterung der Beobachtungen von Merunowicz nicht aus.

So sahen J. M. Ludwig und Luchsinger die Herzspitze nicht nur bei Säugerblutspeisung schlagen, sondern auch verdünntes Froschblut ergab ihnen ein ähnliches Resultat. Salzwasser vermochte bei höherem Füllungsdrucke Pulsationen zu erzeugen, nach einer vorausgegangenen Blutperfusion war es auch ohne Druck wirksam.

Aubert (35) sah von vorn herein bei Kochsalzfüllung Spitzenpulse auftreten; durch Säugethierserum wurden sie „beruhigt". Primäre Füllung mit Serum bewirkte keine Spitzenpulse.

Gaskell (36) theilte einen von Foster herrührenden Versuch mit, welcher zeigte, dass die nach Bernstein abgeklemmte Spitze durch Aortenverschluss zum Schlagen gebracht werden kann. Die mit verdünntem Schafsblut durchströmte Spitze sah er wie die mit Froschblut gefüllte stillstehen. Auch sie pulsirte erst, als der Füllungsdruck bedeutend erhöht wurde. Gaskell hält deshalb das unter Druck eingefüllte fremde Blut nicht wie Bernstein für einen chemischen, sondern für einen mechanischen Reiz.

Löwit (37) wiederum bezieht den Erfolg der blutigen Kochsalzlösung auf chemische Reizung. Da es ihm gelang, wie es schon vorher

Gaule (38) und Stiénon (39) gelungen war, durch Speisung des Herzmuskels mit alkalischen Salzlösungen Pulsationen herbeizuführen, so glaubte er, dass die reizende Wirkung des Blutes durch dessen Alkaligehalt bedingt sei.

Das wesentlichste Ergebniss dieser Versuche ist, dass der ganglienlose Herzmuskel bei Füllung mit gewissen früher als indifferent betrachteten Flüssigkeiten selbständig rhythmisch pulsiren kann.

Drei Deutungsweisen dieser Erscheinung sind möglich:

1) Die ganglienlose Herzspitze ist automatischer Thätigkeit fähig. Diese Ansicht wird von Merunowicz, v. Basch, J. M. Ludwig und Luchsinger und Aubert vertreten.

2) Die Füllungsflüssigkeit wirkt in denjenigen Fällen, in denen Pulsationen eintraten, als chemischer Reiz. Das haben Bernstein und im Anschluss an ihn Biedermann (40) und Loewit behauptet.

3) Die Pulsation der mit Blut oder Serum oder Salzwasser gefüllten Herzspitze ist durch mechanische Reizung, nämlich durch die vermehrte Spannung des Herzmuskels, verursacht, sie ist ein Druckphänomen. (Gaskell).

Bevor in die Discussion dieser drei Möglichkeiten eingetreten werden kann, wird es nothwendig sein, sich über den vielgebrauchten, vielfach missverstandenen Begriff der Automatie zu verständigen.

Was ist Automatie?

Es ist klar, dass, wenn Jeder sich seine eigene Definition dieses Begriffes zurecht macht, vielleicht sogar ohne es auszusprechen, die verschiedensten Erscheinungen damit gedeckt werden können.

Joh. Müller (41) hat unter automatischen Bewegungen „alle Bewegungen verstanden, welche von Seelenactionen unabhängig, entweder anhaltend sind, oder in einem regelmässigen Rhythmus erfolgen, und welche beide aus gesunden, natürlichen, in den Nerven oder Centralorganen liegenden Ursachen erfolgen.“ An diese Definition wird jede spätere nothwendig anzuknüpfen haben. Man könnte sich heutzutage denken, dass die Ursache der automatischen Bewegung nicht nur in Nerven oder Centralorganen, sondern auch in den Muskeln gelegen sein könnte, oder gar auch die anscheinend spontanen Bewegungen des Protoplasma u. s. w. als automatische bezeichnen. Das Wesentliche aber ist, dass die Bewegungen aus natürlichen in den betreffenden Organen selbst liegenden Ursachen erfolgen. In die neuere Anschauungsweise übersetzt, würde man dann der Müller'schen Definition vielleicht folgende Form geben können: Automatie ist die Fähigkeit motorischer Apparate, in sich selbst und ohne äusseren Anstoss die zur Ursache der Bewegung werdenden Reize zu entwickeln, oder mit anderen Worten: automatisch ist eine Bewegung, die von Seelenactionen unabhängig auf Grund innerer Reize erfolgt.

Was haben wir aber unter inneren Reizen zu verstehen?

Dass man sich unter solchen nicht eine den nervösen Centren u. s. w. anhaftende, ihnen eingepflanzte Kraft zu denken habe, das bedarf heute wohl keiner besonderen Ausführung. Ein folgenschwerer Irrthum war es freilich, als man an Stelle einer solchen immanenten Kraft gewisse von aussen wirkende Kräfte zu setzen suchte, die allerdings in ihrer greifbaren Gestalt das Nebelbild des Vitalismus verflüchtigten, dafür aber auch dem wesentlicheren Punkte der Müller'schen Begriffsbegrenzung nicht mehr entsprachen. Wenn man, zur alten Haller'schen Lehre zurückkehrend, in dem die Herzhöhlen erfüllenden Blute den mechanischen oder chemischen Antrieb zur Herzthätigkeit erblickte, wenn man in den Kohlensäurereichthum oder in der Sauerstoffarmuth oder in einer reducirenden Substanz des Blutes den chemischen Erreger des Athemcentrums suchte — waren das noch Bewegungsquellen, die aus den betreffenden Organen selbst entsprangen? Und doch lag die richtige Anschauung nahe. Man wusste, dass im thätigen Muskel Spaltungsprocesse ablaufen, die sein chemisches Gefüge verändern; man sah die graue Centralnervensubstanz auffallend reichlich mit Blutgefässen bedacht, und durfte daraus auf lebhafte eine starke Zufuhr von neuem Nährmaterial erfordernde Stoffwechselvorgänge in ihr schliessen. In den Producten der fortwährenden Dissociation konnten die Quellen der Reizung gegeben sein. Was lag näher, als an Stelle einer humoralphysiologischen eine echte cellularphysiologische Anschauung aufzustellen?

Es ist Pflüger's nicht hoch genug zu veranschlagendes Verdienst, die fortwährend in der lebendigen Materie ablaufenden Spaltungsprocesse im Hinblick auf ihre functionelle Bedeutung betont zu haben.

Einen scharfen Ausdruck haben die an Pflüger anknüpfenden Anschauungen in den Erörterungen Burkart's über die Thätigkeitsursache des Athemcentrums erhalten. Er sagt: „Es würde also als wesentlichste, freilich hypothetische Erregung der rhythmischen inspiratorischen Athembewegungen anzusehen sein die durch Sauerstoffmangel bedingte Production irgend einer stetig sich bildenden Substanz. Dieselbe wird . . . nicht vom Blutgefäss resp. der Ernährungsflüssigkeit aus den Ganglienzellen als Erreger übermittelt, sondern sie entsteht in den Ganglienzellen selbst. Sie functionirt als heftigster Reiz eben jener Zellen, welche ihre Production besorgen, und nur ein dauernder Vorrath an Sauerstoff kann die erregende Wirkung dieses übrigens sehr leicht oxydablen Stoffes paralysiren. Man hätte sich nämlich vorzustellen, dass nur bei Sauerstoffmangel in den Ganglienzellen des noeud vital die Entstehung des athemerregenden Stoffes möglich sei, dessen Production und dessen Anhäufung die Reizung und Erregbarkeit der ihn producirenden Ganglienzellen bedingen.“

Burkart hat nicht genau genug die Bildung und die Anhäufung des reizenden Stoffes in ihrer Abhängigkeit vom Sauerstoff unterschieden. Man könnte sich wohl denken, dass nicht die Production, wohl aber die Anhäufung jener hypothetischen Substanz durch reichliches Vorhandensein von Sauerstoff unterdrückt, durch Sauerstoffarmuth begünstigt wird; im apnoischen Thiere käme danach der Athmungsstillstand nicht durch Verrichtung der Spaltungsprocesse, sondern der Spaltungsproducte zustande; im dyspnoischen wäre die gesteigerte Athemthätigkeit nicht durch vermehrte Bildung der Reizsubstanz, sondern durch verminderte Wegschaffung derselben zu erklären. Schon früher hatte Rosenthal (43) sich in ähnlicher Weise wie Burkart ausgesprochen, indem er seinen älteren Standpunkt aufgab. In seiner neuesten Aeusserung über diesen Punkt heisst es: „Darnach ist also das Blut nicht direct als Reiz aufzufassen in dem Sinne, dass ohne dasselbe die Reizung nicht zustande kommen könne, sondern nur als die Bedingung, von welcher das Zustandekommen des Reizes, wenn man diesen Ausdruck überhaupt noch gebrauchen will, abhängt.“ —

Was für das Athmungscentrum gilt, das gilt in ähnlicher Weise auch für die übrigen automatischen Vorrichtungen, vor allem für das Herz. Hier die Ursache der Erregung im Blute, sei es in dessen chemischen oder mechanischen Eigenschaften zu suchen, ist ein Irrthum.[1] Die Ursache der Herzthätigkeit ist begründet in den Spaltungsprocessen, die in den Elementen des Herzens selbst vor sich gehen.

Meiner Ansicht nach laufen diese reizbildenden Processe nicht im Herzmuskel sondern in seinen Ganglien ab. Doch davon später. Wenn oftmals die Nothwendigkeit des Blutes für die Erhaltung der Herzthätigkeit betont wurde, niemals war seine reizende, nur seine ernährende Eigenschaft war damit bewiesen. Thatsächlich befriedigt das Blut das Sauerstoff- und das Eiweissbedürfniss des Herzmuskels und der Ganglienzellen, und beseitigt durch Oxydation oder anderweitig die überschüssigen Producte des Stoffzerfalles. Es schafft also wesentliche Bedingungen für die

---

[1] Aubert versteht unter inneren Herzreizen jedenfalls solche, die man nicht mehr als innere Reize bezeichnen kann. Er meint, die inneren Herzreize wirkten auf die Ganglien ein, wenn diese vorhanden seien, bei nicht vorhandenen Ganglien werde unter gewissen Bedingungen der Herzmuskel direct von ihnen getroffen und erregt. Das können offenbar nur Reize sein, die weder in den Ganglien noch im Muskel selbst ihren Ursprung haben.

Entstehung und für die Wirksamkeit der inneren Reize, wirkt aber selber nicht als Reiz.[1]

Das Wesen der inneren Reize, und damit möge schliesslich die oben aufgeworfene Frage beantwortet sein, ist nach alledem darin zu sehen, dass sie in den thätigen Apparaten, in den Zellen selbst entstehen, als Producte der in diesen normaler Weise ablaufenden Processe: Das Lebensproduct der Zelle ist ihr Erreger.[2]

Einer weiter ausgebildeten Chemie der Zelle, die uns einen tieferen Einblick in ihren functionellen Chemismus verschaffen wird, bleibt es vorbehalten, die Natur der Reizstoffe und ihre Wirkungsweise zu erkennen.

Kehren wir nach diesem Excurse zu unserem Ausgangspunkte zurück, zu der Frage nämlich, ob man berechtigt sei, dem ganglienlosen Herzmuskel auf Grund der Erfahrungen von Merunowicz und seiner Nachfolger die Fähigkeit der Automatie zuzuerkennen.

Bekanntlich verhält sich die abgeschnittene Herzspitze des Frosches ohne äussere Reizung völlig still. Vielleicht ist es nur ihre ungenügende Blutversorgung, die sie unfähig macht, zu schlagen. Aber sie bleibt auch in Ruhe, wenn man sie in Froschblut fallen lässt, sie allseitig mit ihrer Ernährungsflüssigkeit umgiebt. Sie bleibt auch still, wenn sie prall mit Blut gefüllt, im Zusammenhange mit dem übrigen schlagenden Herzen im lebenden Frosch verbleibt, wie in dem Versuche von Heidenhain (45), der sie durch eine wieder gelöste Ligatur abquetschte, oder in dem Versuche von Bernstein, der den physiologischen Zusammenhang zwischen Herzspitze und Herzrest durch die abklemmende Pincette löste.

Dieser letztere Versuch widerlegt in bündigster Weise jede Behauptung einer Herzspitzenautomatie, sofern nicht etwa nachgewiesen werden könnte, dass die abgequetschte Spitze sich unter abnormen, für die Ent-

---

[1] Schon Volkmann (*Haemodynamik* S. 375) sagt: „Es ist die Bedingung der Contractilität, nicht aber die Ursache der Contractionen."

[2] Die Processe innerhalb der motorischen Ganglienzellen des Herzens wären als Dissimilationsvorgänge nach der Ausdrucksweise Hering's aufzufassen. Neben ihnen gingen natürlich regenerirende Assimilationsvorgänge einher. Aus einem gewissen quantitativen Verhältniss beider würde die normale Herzthätigkeit resultiren. Vorherrschen der Assimilation würde zur Verminderung der Reize, dadurch zur Verlangsamung oder zum Stillstand der Herzthätigkeit führen. Ueberwiegen der Dissimilation müsste beschleunigte Herzbewegungen anregen. Man kann sich nun vorstellen, dass die regulirenden Herznerven eine Art von trophischer Wirkung auf die Herzganglien ausüben; die hemmenden würden die Assimilationsprocesse, die erregenden die Dissimilationsprocesse steigern. Eine solche Vorstellung könnte ganz wohl die Stelle der nunmehr definitiv beseitigten, an die Widerstandshypothese anknüpfenden Erklärung ausfüllen. Loewit hat sich in ganz ähnlicher Weise über diese Dinge geäussert.

wickelung oder die Wirksamkeit innerer Reize verderblichen Bedingungen befindet. Worin sollten diese bestehen?

In mangelhafter Speisung mit sauerstoffhaltigem Blute gewiss nicht; denn ein völlig ausreichender Blutwechsel findet durch die pumpende Thätigkeit des Herzrestes statt. Die mechanische Schädlichkeit der Quetschung könnte vielleicht hemmend auf die Erregkarkeit des Herzmuskels eingewirkt haben. Aber die abgeklemmte Spitze ist sofort nach der Abklemmung für schwache Reize sehr empfindlich; und noch mehrere Wochen nach der Operation, während deren der etwaige Shock sicher vorübergegangen ist, wird sie unthätig, aber erregbar vorgefunden. Soll man endlich zu dem verzweifelten Mittel greifen, im extremen Gegensatze zu den früheren Theorien, die im Blute einen Herzreiz sahen, den Blutgehalt des Herzens geradezu für eine Hemmungsbedingung zu erklären? Bekanntlich hat Aubert diese Ansicht vertheidigt; aber ich kann mir nicht denken, dass sie viele Freunde gefunden hat. Es wäre, falls sie richtig wäre, nicht einzusehen, warum überhaupt das ganze blutgefüllte Herz nicht ewig stillsteht.

Wenn somit unter nahezu normalen Bedingungen der isolirte Herzmuskel still bleibt, dagegen rhythmisch zu schlagen beginnt, wenn an Stelle des ihn erfüllenden Froschblutes das verdünnte oder unverdünnte Blut oder Blutserum von Säugethieren oder eine angeblich indifferente oder auch stärker alkalische Salzlösung tritt — ist hier eine vorher latent gebliebene Automatie im Spiele? Diese bedenkliche Annahme kann man doch nur machen, wenn sich nachweisen lässt, dass die fremde Füllungsflüssigkeit nicht auf irgend eine Weise zur Quelle äusseren Reizes werden kann.

Da wir wissen, dass der Herzmuskel die Eigenthümlichkeit besitzt, durch mechanische und chemische Dauerreize zu rhythmischer Thätigkeit angeregt zu werden, so müssen wir uns fragen, ob nicht vielleicht jene fremde Flüssigkeit chemische oder mechanische Reize zu entwickeln im Stande ist. Damit sind wir bei der zweiten und dritten oben angeführten Deutungsweise angelangt.

Man würde sich auf die Vermuthung einer chemischen Reizung beschränken können, wenn es sich nur um fremde Blut- oder Serumarten handelte. Dass solche für einen Froschherzmuskel chemische Reize darstellten, wäre nicht undenkbar. Es ist beinahe unwahrscheinlich, dass Säugerblut für die Gewebe des Kaltblüters indifferent sein sollte; durch Injection gewisser Blutarten in's Froschherz kann man sich sogar von einer giftigen Wirkung derselben überzeugen.

Aber man hat auch die mit 0·6procentiger Kochsalzlösung erfüllte Herzspitze pulsiren sehen, nicht nur unter der Nachwirkung einer vorausgegangenen Blutspeisung, sondern auch ganz primär. Man wird sich schwer entschliessen können, eine Lösung für einen Herzmuskelreiz zu erklären, die nach allen bisherigen Erfahrungen sich stets und überall als völlig indifferent gegenüber den Muskeln und Nerven des Kaltblüters erwiesen hat.[1] Man muss nach anderen Erklärungsweisen suchen. Sehr nahe liegt nun die Annahme, dass in den Salzwasserversuchen nicht die Speisungsflüssigkeit als solche, sondern der über das gewöhnliche Maass erhöhte Füllungsdruck als Erreger der Pulsationen gewirkt habe. J. M. Ludwig und Luchsinger haben diese Möglichkeit vor Augen gehabt; sie glaubten sie zurückweisen zu dürfen, weil sie selbst nach Abstellung des Druckes die Pulsation der Spitze fortdauern sahen. Aehnliche Angaben macht Loewit. Nun haben wir aber gesehen, dass der einmal in der Herzspitze erhöhte Druck eine Nachwirkung hinterlässt, die unter Umständen länger dauern kann, wie die vorangegangene Drucksteigerung selbst. Sollten nicht die genannten Forscher durch solche Nachwirkungen getäuscht worden sein? Bei Ludwig und Luchsinger wurde der Versuch gewöhnlich so angestellt, dass die Herzspitze erst unter oft hohem Druck in Gang gebracht, dann der Druck abgestellt wurde. Wie leicht kann hier eine besonders bei leicht erregbaren Herzspitzen zahlreiche weitere Pulsation herbeiführende Nachwirkung hinterblieben sein! Die genau mitgetheilte Versuchsanordnnng von Aubert scheint mir in keiner Weise die Betheiligung von Druckwirkungen auszuschliessen.

Nachdem einmal für die Salzwasserspeisung die Möglichkeit mechanischer Wirkung festgestellt ist, kann auch für die blutige Kochsalzlösung oder für das Serum diese Möglichkeit nicht völlig abgelehnt werden. Hier könnte entweder die chemische oder die mechanische Einwirkung, oder es könnten beide zugleich in Betracht kommen.

Wollte man in diesen Dingen klar sehen, so war durch neue Versuche zu entscheiden, ob die Pulsation der mit Salzwasser oder Blut oder Serum gefüllten ganglienlosen Herzspitze an einen über das gewöhnliche Maass hinaus erhöhten Füllungsdruck gebunden ist oder nicht. Versuche dieser Art habe ich nun unternommen.

Ich suchte in denselben die normalen mechanischen Bedingungen im Herzen während seiner Speisung mit fremden Flüssigkeiten möglichst zu erhalten. Kein Verfahren schien mir dazu so geeignet, als die Ersetzung des Froschblutes durch die betreffenden Perfusionsflüssigkeiten an Fröschen mit abgeklemmter Herzspitze. Zur Ausführung des Versuches ging ich in folgender Weise vor:

---

[1] Mir ist nicht unbekannt, dass Biedermann (*Wiener Sitzungsberichte* 1880. Nov.-Heft S. 17) die Ansicht aufgestellt hat, die physiologische Kochsalzlösung könne auf den Sartorius reizend wirken. Indessen scheinen mir in den betreffenden Versuchen reine galvanische Wirkungen nicht ganz ausgeschlossen.

In den centralen Abschnitt der grossen Abdominalvene wurde eine sehr enge Metallcanüle eingebunden. Dieselbe stand durch einen Gummischlauch in Verbindung mit der die Transfusionsflüssigkeit enthaltenden, in ein Mariotte'sches Gefäss umgewandelten Bürette. Die Druckhöhe betrug meistens nur wenige Centimeter; bei Beginn des Versuches wurde sie so lange vermehrt, bis guter Abfluss der Flüssigkeit eintrat. Ueber die Geschwindigkeit und Gleichmässigkeit der Durchleitung belehrten zahlreiche, oft systematisch in bestimmten Zeitabständen ausgeführte Ablesungen an der Bürette. Die Zuflussgeschwindigkeit hängt mehr noch als von dem Drucke von der Weite der Abdominalvene und von der der Injectionscanüle ab. Die letztere war aber, wie schon bemerkt, sehr eng. Ferner ist natürlich die Abflussgeschwindigkeit auf die Grösse des Zuflusses von bedeutendem Einfluss. Ist erstere gross, so fliesst auch mehr aus der Bürette ab; ist der Abfluss ungenügend, so bläht sich das Herz prall auf, obwohl ihm wenig neue Flüssigkeit zuströmt. Für guten Abfluss war deshalb Sorge zu tragen. Das periphere Venenende blieb offen; für Entfernung von Blutgerinseln vor der Oeffnung wurde gesorgt. In einigen dazu geeigneten Fällen eröffnete ich zur Beschleunigung des Abflusses eine oder beide Aorten. Es ist vortheilhaft, zu diesen Versuchen Frösche zu benutzen, bei denen die Curarewirkung bereits vollständig eingetreten ist. Die Injectionswiderstände sind bei unvollständiger Vergiftung erheblich grösser. Wahrscheinlich liegt das an der hier noch bestehenden Wirksamkeit der Vasomotoren, deren Thätigkeit durch manche fremde Injectionsflüssigkeit angeregt zu werden scheint. Sind durch tiefe Curarevergiftung die Gefässnerven gelähmt, so fallen die durch sie veranlassten Hindernisse in der Wegsamkeit der kleinen Gefässe fort.

Blut braucht in der Regel einen höheren Injectionsdruck als Salzlösung; offenbar hängt dies mit der engen Injectionscanüle und dem niedrigen Transpirationscoëfficienten des Blutes zusammen. Als bindende Regel galt, dass das Herz durch die Injectionsflüssigkeit nicht stärker gefüllt werden sollte, als in der Norm. Da es freigelegt war, konnte man sich von der Erfüllung dieser Bedingung jederzeit überzeugen, eventuell derselben durch Erniedrigung des Inductionsdruckes besser genügen. Das Zuflussoptimum dürfte etwa 0·5 ^{Ccm} pro Minute betragen.

In einzelnen Fällen wurde absichtlich die Druckhöhe und damit die Spannung des Herzens über das Normale gesteigert.

Sollten hinter einander verschiedene Flüssigkeiten injicirt werden, so bediente ich mich eines aus zwei Büretten zusammengesestzten Apparates (Fig. 4, Taf. I). Die beiden Büretten (*A* und *B*) hängen unter sich und mit dem gemeinschaftlichen, die Canüle tragenden Injectionsschlauche (*D*) durch ein gläsernes Zwischenstück (*C*) zusammen. Die zu ihm führenden Schlauchstücke sind durch Schraubenklemmer (*a* und *b*) verschliessbar. Je nachdem die eine oder die andere der Bürettenflüssigkeiten injicirt werden soll, wird *a* oder *b* geöffnet. Der verschliessbare Seitenabfluss (*c*) dient zur schnellen Entleerung einer oder beider Büretten. Der Schlauch (*D*) besitzt vor seinem Uebergange in die Canüle (*E*) ein verschliessbares Seitenrohr (*d*), welches dazu dient, bei geringer Unterbrechung der Injection einen möglichst schnellen Wechsel der Transfusionsflüssigkeit zu ermöglichen. Zwischen ihm und der Canüle befindet sich wieder eine Klemme (*e*).

Wurde aus *A* injicirt und beabsichtigte man zu wechseln, so wurde *a* und *e* geschlossen, *b* und dann *d* geöffnet. Die alte Injectionsflüssigkeit wird zunächst durch *d* hinausgedrängt; bald fliesst die neue nach. Kommt dieselbe rein aus dem Rohre *d* hervor, so wird dasselbe geschlossen und *e* freigegeben. Kleine Vermischungen der zweiten mit Resten der ersten Flüssigkeit sind dabei natürlich nicht ganz zu vermeiden. Der Wechsel geht aber immer noch schnell genug von statten. Hatte man Salzwasser injicirt und liess man Blut folgen, so sah man nach wenigen Minuten schon den Herzinhalt sich röthen.

Nur wenn Blut oder bluthaltige Flüssigkeit verwendet wird, darf die Perfusion bis zur vollständigen Austreibung des Froschblutes fortgesetzt werden. Bei einfachen Salzlösungen, besonders bei der alkalischen, muss man, um den Herzmuskel nicht völlig zu erschöpfen, sich mit einem gewissen Grade der Entblutung begnügen. Ich habe in verschiedenen dieser Versuche die Ausspülung verschieden weit getrieben, so dass der Herzinhalt bald sehr hell, bald mehr oder weniger röthlich blieb. Uebrigens tritt, auch wenn man die Ausspülung des Blutes durch Salzwasser bis zur vollständigen Entfärbung des Herzinhaltes fortgesetzt hat, einige Zeit nach Beendigung der Transfusion wieder eine gewisse Färbung des Gefäss- und Herzinhaltes auf. Auch eine lange dauernde Durchspülung vermag das Blut nicht aus allen seinen Schlupfwinkeln zu verdrängen.

Schliesslich sei bemerkt, dass auch die Temperatur der Transfusionsflüssigkeit und des Frosches beachtet wurden. In der Regel befanden sich Flüssigkeit und Frosch mindestens seit einigen Stunden, meistens seit längerer Zeit, in einem und demselben ziemlich gleichmässig temperirten Zimmer.

Die Versuche wurden mehrfach variirt:

1) Die Spitze wurde zuerst abgeklemmt; dann erfolgte die Perfusion, bei Anwendung von Blut und blutiger Kochsalzlösung oft mehrere Stunden lang andauernd. Das periphere Venenende, zuweilen die geöffneten Aorten erlaubten den Abfluss. Beobachtung des Herzens während der Dauer der Durchströmung.

2) Die Spitze wurde zunächst abgeklemmt; dann folgte die Transfusion. Nach genügender Verdrängung des Froschblutes wurde die Vene central und peripher geschlossen, das Herz weiter beobachtet.

3) Die Transfusion wurde zuerst ausgeführt; nach geschehener Verdrängung des Froschblutes durch die fremde Flüssigkeit wurde die Vene verschlossen. Danach geschah die Abklemmung der Spitze, die nunmehr stundenlang unter Beobachtung verblieb.

Im Ganzen wurden 47 Frösche, meistens Esculenten, zu den Transfusionsversuchen benutzt. Sieben dieser Versuche waren Doppelversuche (erst Kochsalz-, dann Blutinjection), einer ein dreifacher (Kochsalz, Blut, Kochsalz). Somit sind im Ganzen 56 Perfusionen oder Transfusionen vorgenommen. Davon entfallen 29 auf anorganische Salzlösungen und 27 auf Säugethierblut.

Von Salzlösungen kam zur Verwendung: 12 mal Na Cl Lösung von 0·6 Procent; 4 mal dieselbe Lösung, in der zugleich getrocknetes Serumalbumin aufgelöst war; 5 mal die von Biedermann (46) zusammengestellte Salzlösung (5 ^{grm} Na Cl, 2 ^{grm} Na_2HPO_4, 0·4—0·5 ^{grm} Na_2CO_3 auf 1000 ^{grm} H_2O); 6 mal das von Loewit (47) empfohlene alkalische Salzgemenge (2 ^{grm} Na_2HPO_4 und 3 ^{grm} Na_2CO_3 auf 500 ^{grm} H_2O).

In den 12 Salzwasserperfusionen trat einmal ein einzelner Puls an der abgeklemmten Spitze auf; ein anderes Mal erschienen zahlreiche Pulse während einer unter grossem Drucke stattfindenden Injection; sie schwanden, als der Injectionsdruck erniedrigt wurde. 10 mal war der Erfolg absolut negativ. Gleichgiltig war es dabei, ob die Perfusion vor oder nach der Spitzenabklemmung eingeleitet, und wie weit sie getrieben wurde. Die Herzspitze wurde während oder nach der Perfusion mehrere Stunden lang beobachtet. In einem grossen Theil der Fälle liessen sich durch Druckerhöhung (Aortenabklemmung) sofort Spitzenpulse herbeiführen.

Nicht anders verhielt sich die Herzspitze unter dem Einflusse von Kochsalzlösung mit Serumalbumin. In eine 0·6 procentige Na Cl Lösung wurde so viel gepulvertes Serumalbumin (aus der Fabrik des Hrn. Seydler in Königsberg in Pr.) eingetragen, als sich bei mehrstündigem Stehen und häufigem Umrühren darin lösen wollte. Gross war diese Menge nicht, doch gab die filtrirte Lösung kräftige Eiweissreactionen. Diese Zusammenstellung wurde in dem Gedanken angewendet, die erschöpfende Wirkung der Salzwasserdurchspülung durch die gleichzeitige Zuführung von nährendem Materiale aufzuheben. Der Erfolg war in allen 4 Versuchen negativ.

Das Facit dieser Versuche ist somit: Die mit reinem oder albuminhaltigen Salzwasser gefüllte Herzspitze schlägt nicht selbständig, kann aber durch Steigerung des Füllungsdruckes zum Schlagen gebracht werden.

Auch der Biedermann'schen Salzlösung ist kein besseres Zeugniss auszustellen. Bekanntlich geräth ein in diese Flüssigkeit hineingehängter curarisirter Sartorius in rhythmische stundenlang ja tagelang währende pulsähnliche Bewegungen, ein Versuch, den ich oft mit vortrefflichem Erfolge angestellt habe. Ich wollte sehen, ob vielleicht auch der damit gespeiste Herzmuskel pulsirt. Freilich hatte schon Loewit bei ähnlichen Versuchen verneinende Ergebnisse erhalten. Mir ist es in 5 Versuchen einmal geglückt, die mit der Lösung gefüllte Herzspitze pulsiren zu sehen. Die Pulsationen schlossen sich an eine vorausgehende Aortenklemmung an, die zu reichlichen Spitzenpulsen geführt hatte. Die Dauer der der Lösung der Klemme folgenden Schläge war eine viel zu bedeutende, als dass man an eine Nachwirkung der Drucksteigerung hätte denken können. Doch bin ich nicht ganz sicher, ob dieser Versuch verwerthet werden kann, weil eine ungenügende Abklemmung der Herzspitze nicht ganz ausgeschlossen erscheint; denn als ich bei fortdauernder Pulsation die Spitze auf's Neue abklemmte, stand sie still und kam nicht wieder in Gang. Ich bin deshalb geneigt, mich an die vier negativen Ergebnisse zu halten, und auch der Biedermann'schen Flüssigkeit die Fähigkeit der Erregung von Spitzenpulsen abzusprechen.

Auch die freibewegliche abgeschnittene Spitze bleibt in dieser Lösung vollkommen ruhig.[1]

Nicht nur nicht von anregender, sondern sogar von positiv schädlicher Wirkung war in einigen Fällen die Einfüllung des von Loewit angegebenen alkalischen Salzgemenges. Loewit sah den damit gefüllten ganglienlosen Herzmuskel pulsiren. Ich selbst hatte dagegen bei 6 Versuchen keinen einzigen Erfolg zu verzeichnen. Wohl aber trat einige Male schnell erhebliche Schwächung der Thätigkeit des Herzrestes, dann sogar Vernichtung derselben und Unerregbarkeit der Spitze auf. Die nichts weniger als indifferente Lösung hatte zerstörend gewirkt, ohne zu reizen. Auch der hineingehängte curarisirte Sartorius machte nur wenige Zuckungen und wurde bald starr. Behielt das damit gefüllte Herz seine Erregbarkeit, der Herzrest seine Thätigkeit, so war doch von Spitzenpulsen bei langem Zuwarten nichts

[1] Sehr interessant ist die Thatsache, dass nach Verdrängung des gesammten Blutes durch die Biedermann'sche Flüssigkeit keine stärkeren Bewegungserscheinungen an der Skeletmusculatur wahrgenommen werden, obwohl ein isolirter Sartorius, den die Flüssigkeit nur äusserlich umspült, in lebhafte Zuckungen geräth. Legt man die Oberschenkelmuskeln frei, so findet man freilich die oberflächlichen Schichten in lebhaftem Flimmerspiele; aber es ist mir nicht einmal von diesen schwachen Bewegungen wahrscheinlich, dass sie von der alkalischen Flüssigkeit veranlasst sind. Ich sah sie auch bei gewöhnlichen Kochsalzfröschen in nicht geringerer Lebhaftigkeit, ja die freigelegten Muskeln einfach curarisirter Frösche boten nicht selten denselben Anblick. Durch die unversehrte Haut hindurch war von diesen Bewegungen nichts zu sehen.

zu sehen. Ich weiss nicht, worauf dieser Unterschied zwischen Loewit's und meinen Erfolgen beruht. Da ich selbst sehr verdünnte Alkalien sogar von der Oberfläche des Herzmuskels aus kräftig auf ihn wirken sah, war mir a priori eine pulserregende Wirkung einer alkalischen Flüssigkeit nicht unwahrscheinlich.

Im Gegensatz zu den Salzwasserversuchen haben die 29 Säugethierbluttransfusionen eine Reihe von positiven Ergebnissen geliefert. In 13 Fällen traten nämlich Spitzenpulsationen auf; in 14 anderen erfolgte nichts davon; in 2 Fällen war das Ergebniss zweifelhaft.

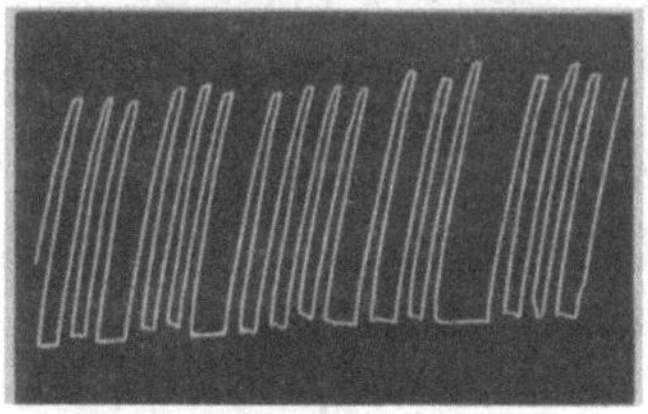

Fig. 15.
Pulsationen einer mit Kaninchenblut (1 : 4 NaCl 0·6 Procent) gefüllten abgeklemmten Herzspitze.

Zur Verwendung gelangten Blut vom Kalbe, Kaninchen, von erwachsenen Rindern, Meerschweinchen und Schweinen. Einige Male wurde es concentrirt, in den meisten Fällen dagegen mit 1—4 Theilen Salzwasser (0·6 Procent) verdünnt, angewendet. Die starken Concentrationen schienen nicht günstig zu sein, am häufigsten wirksam zeigte sich eine Mischung von 1 Theil Blut auf 3—4 Theile Salzwasser. Vom Rinderblut ist zu erwähnen, dass es in einigen Fällen selbst verdünnt angewendet, die Erregbarkeit der unter seinem Einflusse ihre Pulsationen beginnenden Herzspitze plötzlich und definitiv vernichtete. In mehreren Fällen wurde durch sorgfältige Salzwasserdurchspülung erst das eigene Blut des Frosches so vollständig als möglich entfernt, ehe die Säugerbluttransfusion begann. Für den Erfolg war diese Maassregel ohne Bedeutung.

Wie schon Merunowicz so habe auch ich oft lange Zeit auf den Beginn der Pulsationen warten müssen, in minimo 7, in maximo 68 Minuten; in der Regel vergingen 20—30 Minuten, bis der erste Spitzenpuls erschien. Die Spitzenpulse waren in einzelnen Fällen sehr zahlreich, in anderen erloschen sie ziemlich schnell. Regelmässig waren sie niemals; zuweilen trennten sehr grosse Pausen längere Gruppen von einander; andere Male traten einige Pulse zu kleineren Gruppen zusammen (Fig. 15).

Die Füllung des Herzmuskels war in den erfolgreichen Versuchen gut, aber nicht übermässig; pulsirte die Spitze während der Perfusion, so vermochte Druckherabsetzung sie nicht zum Stillstand zu bringen, zuweilen begannen Spitzenpulse bei einem Füllungsgrade, der sichtlich unter dem normalen lag.

Man muss daraus schliessen, dass die Herzspitze unter dem Einflusse der Säugethierblutspeisung ohne Mitwirkung mechanischer Reize zu pulsiren vermag; und man muss annehmen, dass das fremde Blut als chemischer Reiz auf den Herzmuskel des Frosches einwirkt.

Jedenfalls gehört das Säugerblut zu den schwächsten chemischen Herzmuskelreizen, die wir kennen. Damit es überhaupt wirksam werde, muss es mit der grösstmöglichen Zahl der Herzmuskelelemente in Berührung kommen; einfaches Bepinseln oder Ueberrieseln der abgeklemmten Spitze ist ohne jede Wirkung. Selbst in die Herzhöhle eingefüllt, versagt es sehr oft.

Welchem seiner Bestandtheile mag es aber seine Wirksamkeit verdanken? Loewit hat geglaubt, auf die Alkalescenz der blutigen Kochsalzlösung und des Serums die Reizung zurückführen zu können; diese Annahme ist aber nicht begründet. Die Alkalescenz des Menschenblutes soll nach Canard (48) 0·270 bis 0·301 Na_2CO_3 in 100 ^{Ccm} Blut entsprechen.[1] Nimmt man an, die wirksame blutige Kochsalzlösung bestehe aus 1 Theil Blut und 4 Theilen Salzwasser, so wäre deren Alkaligehalt nur 0·06 Procent, wobei vorausgesetzt ist, dass der Alkalescenzgrad des Thierblutes gleich dem maximalen des Menschenblutes sei, und dass er seit der Entleerung nicht geringer geworden sei. Nun fand aber Loewit die alkalische Salzlösung von Kühne (50) mit 0·25 Procent Na_2HPO_4 und die Biedermann'sche Flüssigkeit mit 0·2 Na_2HPO_4 + 0·04 bis 0·05 Na_2CO_3 in 100 ^{Ccm} 0·5 procentiger NaCl-Lösung zu schwach, um Pulse am Herzmuskel zu erzeugen. Erst seine viel stärkere alkalische Lösung, deren Sodagehalt allein eine 10 mal stärkere Alkalescenz repräsentirt, als die oben für die Blutmischung vorausgesetzte, gab ihm Erfolge.

Dazu kommt noch folgendes: Wenn das Säugethierblut nur durch seine Alkalescenz wirkt, warum wirkt nicht auch das alkalische Froschblut pulserregend? Die abgeklemmte Spitze bleibt trotz ihrer alkalischen Füllung still.

Mir erscheint es wahrscheinlich, dass keiner der präformirten Blutbestandtheile reizend auf den Herzmuskel wirkt, dass sich vielmehr bei der längeren Berührung des in der Herzspitze stagnirenden Säugerblutes mit dem Herzmuskel in diesem oder im Blute gewisse Reizstoffe bilden[2]. Man

[1] Nach Zuntz werden 100 ^{Ccm} Blutserum vom Kalbe (welches stärker alkalisch ist als das des Pferdes und des Hundes) durch 38·0 ^{Ccm} einer Phosphorsäure neutralisirt, von der 1 ^{Ccm} 0·005 ^{grm} Soda entspricht; also 100 ^{Ccm} Serum = 0·190 Na_2CO_3; 100 ^{Ccm} Cruor desselben Thieres = 64·0 ^{Ccm} Phosphorsäure = 0·320 Na_2CO_3.

[2] Ich habe freilich den curarisirten M. sartorius vom Frosche im Serum öfters Zuckungen machen sehen, die an die in der Biedermann'schen Lösung eintretenden erinnerten; doch habe ich mich nicht überzeugen können, dass hierbei andere als galvanische Wirkungen vorhanden gewesen wären. Denn erstens zeigten die betreffenden Praeparate schon beim Einsenken des Querschnittes in die Flüssigkeit das bekannte

hat vielleicht an einen alkaloidähnlichen Körper zu denken; mit der oben besprochenen Wirkung der Alkaloide hat die des Säugethierblutes gewisse Aehnlichkeiten.

Diese Annahme würde vor Allem die sehr lange Zeit erklären, die bis zum Auftreten der ersten Pulsation bei der Säugethierblutspeisung vergeht; auch die Unwirksamkeit der einfachen Blutbepinselung der abgeklemmten Spitze wäre verständlich. In dem einfach im Glase stehenden Säugethierblute bildet sich jener Stoff nicht; denn längere Zeit nach dem Aderlasse verwendetes Blut wirkt weder rascher noch stärker als das frisch entzogene.

Soll ich nun aus meinen eigenen Erfahrungen ein Urtheil über die Versuche meiner Vorgänger fällen, so möchte ich behaupten:

1) In allen Fällen, in denen die mit Salzwasser oder Blut gespeiste Herzspitze pulsirt, hat es sich nicht um automatische, sondern um pseudoautomatische Pulsationen gehandelt.

2) Die Pseudoautomatie war verursacht:

a) durch gleichzeitig eingeführte mechanische Reize.

Das war in den Versuchen der Fall, in denen die reine Kochsalzlösung ohne voraufgehende Säugethierblutfüllung sich wirksam zeigte;

b) Durch die chemisch-reizende Wirksamkeit der eingefüllten Flüssigkeit. Hierher gehört die Speisung der Herzspitze mit Blut, höchst wahrscheinlich auch die mit stärker alkalischen Salzgemengen.

Für eine Automatie des ganglienlosen Herzmuskels ist durch die Versuche von Merunowicz und seiner Nachfolger Nichts bewiesen.[1]

Zurückschnellen, während der mit Blut oder Serum benetzt gebliebene Muskel nach dem Herausnehmen aus der Flüssigkeit ruhig blieb. Zweitens dauerten die rhythmischen Bewegungen des in eine grössere Flüssigkeitsmenge eingetauchten Muskels nicht lange an, waren aber, nachdem sie aufgehört, durch Anlegung eines neuen Querschnittes wieder in Gang zu bringen. Mit chemischer Reizung hat man es hierbei wohl nicht zu thun.

[1] Die hier gegen die Automatie der Herzspitze gemachten Einwände treffen natürlich auch die Versuche Engelmann's (51) an dem von ihm ganglienfrei gefundenen Aortenbulbus, soweit derselbe mit Säugethierserum gespeist wurde. Man hat auch auf Thatsachen der Ontogenie und der vergleichenden Physiologie hingewiesen, die das selbständige Pulsiren ganglienloser Herzen beweisen sollen. So auf das Schlagen des embryonalen Hühnerherzens, das man ausschneiden und zerstückeln kann, ohne das

Abschnitt II.

Das Verhalten des ganglienhaltigen Herzmuskels.

Der vorhergehende Abschnitt hat gezeigt, dass die Herzspitze zur Rhythmik zwar befähigt ist, dass für ihre Automatie aber bis jetzt kein Beweis vorliegt. Man sieht sich somit bezüglich der letzteren auf die Herzganglien verwiesen. Es dürfte deshalb nicht ohne Interesse sein, mit dem geschilderten Bilde des ganglienfreien Herzmuskels das Bild zu vergleichen, das der ganglienhaltige Muskel darbietet.

Zunächst werden wir uns an die Herzkammer zu halten haben. Wir werden untersuchen müssen, ob sie, unter ähnlichen Bedingungen, wie die ganglienfreie Herzspitze, beobachtet, ein von dieser wesentlich verschiedenes Verhalten darbietet. Ist der ganglienhaltige Ventrikel dem ganglienlosen überlegen? Und wenn er das ist, zeigt er sich zur automatischen Thätigkeit befähigt? Oder sind seine Ganglienhaufen höchstens, wie Viele meinen. Reflexcentren?

Pulsiren aufzuheben (Schenk 52). In neuester Zeit hat Biedermann (53), wie schon früher Forster (54) auf das Schneckenherz aufmerksam gemacht, in welchem er Ganglienzellen nicht aufzufinden vermochte, und das trotzdem sogar ausgeschnitten schlug. Solche an niederen Gebilden beobachteten Thatsachen beweisen Nichts für die physiologischen Eigenschaften des entwickelten Herzmuskels der Wirbelthiere.

Uebrigens möchte ich darauf aufmerksam machen, dass, wie von Dogiel (55) gezeigt worden ist, das Herz der Larve von Corethra plumicornis ausgebildete Ganglienzellen besitzt. Bedenklich scheint mir nur die Angabe, es seien „apolare“ Zellen.

Man hat auch angegeben, dass die abgeschnittene Fischherzspitze selbständig pulsirt (Luchsinger und Ludwig). Die rhythmischen Pulsationen habe ich bei solchen Praeparaten selbst gesehen, von ihrer Selbständigkeit habe ich mich aber nicht hinlänglich überzeugen können. Da die Pulse meist nur sehr kurze Zeit andauern, kann ganz wohl der Schnitt oder eine andere äussere Bedingung als ihre mechanische Ursache angesehen werden. Hr. Prellwitz ist augenblicklich im hiesigen Laboratorium mit weiteren auf das Fischherz bezüglichen Untersuchungen beschäftigt.

Endlich seien noch die neueren Versuche Gaskell's am Herzmuskel der Schildkröte erwähnt. Genauer kann ich auf diese gewiss sehr interessanten Experimente in dieser dem Studium des Froschherzens gewidmeten Abhandlung nicht eingehen. Ich möchte aber bemerken, dass auch sie mich nicht von der Automatie des ganglienlosen Muskels überzeugt haben. Die Bedingungen, die zum Auftreten der selbständigen Pulsation erfüllt sein müssen, sind derartige, dass man leicht an eine in der langen Latenzzeit erfolgte Bildung chemischer Reize, etwa an Thätigkeitsproducte, die während der lange Zeit künstlich durch elektrische Reizung unterhaltenen Pulsation entstanden, oder sogar an Producte der Polarisation denken könnte.

Weiter wird die Bedeutung der übrigen Ganglien des Herzens zu untersuchen sein. Die Frage nach ihrer Gleichwerthigkeit oder Ungleichwerthigkeit ist zu erörtern; die Behauptung, dass nur einer jener Gangliengruppen die Qualität eines automatischen Herzbewegungscentrums zukomme, ist kritisch zu beleuchten.

Zur Vergleichung der ganglienhaltigen mit der ganglienfreien Herzkammer habe ich den ganzen Ventrikel des Froschherzens in ähnlicher Weise von dem übrigen Herzen loszulösen gesucht, wie das mit der Herzspitze beim Heidenhain-Bernstein'schen Versuche geschieht. Versuche dieser Art sind bereits vor mir von Goltz (57) angestellt worden. Derselbe legte um die Ventrikel-Vorhofsgrenze eine feste Ligatur, die er nachher wieder löste. Er bediente sich zu diesem Zwecke des Graefe'schen Ligaturstäbchens.

Goltz beschreibt die in Folge dessen eintretenden Erscheinungen folgendermaassen:

„.... Entferne ich nun die Ligatur, so bleibt der Ventrikel, welcher bis dahin unterbrochen, wenn auch etwas verlangsamt pulsirte, plötzlich in der Diastole stillstehen, während die Vorhöfe ruhig weiter pulsiren. Nach Fortnahme der Schlinge ist der Ventrikel der Blutbewegung wieder zugänglich geworden. Wir sehen daher, wie jede Vorhofscontraction eine Blutwelle in den Ventrikel hineinpresst und diesen mehr und mehr vergrössert. Der Ventrikel, der selbständigen Bewegung bar, verhält sich passiv wie eine elastische Kautschukblase. Zu einer enormen Grösse durch das von den Vorhöfen hineingepresste, blauschwarz durchschimmernde Blut ausgedehnt, zeigt er keine activen Contractionen, wohl aber passive Pulsationen wie eine Arterienwand. Während der Systole der Vorhöfe dehnt sich unter dem vermehrten Blutdrucke die Ventrikelblase noch stärker aus. Während der Diastole gewinnt die übermässig ausgedehnte elastische Wandung Zeit, durch eine physikalische Zusammenziehung einen Theil ihres Inhalts auszutreiben, und durch dieses Wechselspiel kommt die Pulsation zustande. In diesem diastolischen Zustande bleibt der Ventrikel erregbar. Berührt man ihn mit der Sonde, so zieht er sich plötzlich und vollständig zusammen, und eine mächtige Blutwelle ergiesst sich durch die Aorten. Es hält aber sehr schwer, ihn durch einmalige stärkere Reizung zu mehreren hintereinander folgenden rhythmischen Contractionen zu reizen. Gewöhnlich antwortet er nur mit einer Contraction, und er bedarf zu jeder folgenden eines neuen Reizes. In seltenen Fällen erhielt ich 2—3 Pulsationen nach einer Reizung, mehr nicht. Schneidet man das ganze Herz aus, nachdem man in Folge der Wegnahme der Ligatur um die Ventrikelgrenze Stillstand des Ventrikels bewirkte, so verharrt der Ventrikel für immer in seinem Stillstande, während der übrige Theil des Herzens weiter pulsirt. Lässt man dagegen den Ventrikel im physikalischen Zusammenhange mit dem Vorhofe, so bleibt er in manchen Fällen allerdings auch dauernd still stehen. Häufig indess bemerkt man, dass der Ventrikel in grossen Pausen hin und wieder eine Pulsation scheinbar spontan macht." Diese seltenen scheinbar spontanen Pulsationen behaupten einen zu den Pulsationen des Vorhofes in gewisser Beziehung stehenden Rhythmus. Auf eine grössere Zahl von Arterienpulsen kommt ein Kammerpuls. Goltz hat, wie er selbst bemerkt, diese Beobachtung nicht hinlänglich verfolgt.

Bestätigten sich diese Angaben von Goltz, so müsste man sagen, dass zwischen dem Verhalten des abgequetschten mit dem übrigen Herzen in physikalischem Zusammenhang bleibenden, mit Froschblut gefüllten ganglienhaltigen Ventrikels und dem der ebenso behandelten ganglienlosen Herzspitze ein wesentlicher Unterschied nicht besteht. Die „scheinbar spontanen" Pulsationen, die an ersterem zustande kommen, haben wir auch ab und zu an der Spitze gesehen. Dass sie an der Kammer häufiger und regelmässiger sind, könnte entweder davon abhängen, dass der Ventrikel in seinen Ganglien sehr reizempfängliche Organe besitzt, die der Spitze abgehen, oder davon, dass im abgequetschten Ventrikel der Füllungsdruck höher anwächst, wie in der abgeklemmten Spitze, da der mit der letzteren verbundene pulsirende Ventrikelrest einen Theil des in den Ventrikel eingepumpten Blutes durch die Aorten fortschafft. Im besten Falle besässe der ganze Ventrikel im Gegensatze zur Spitze leicht erregbare reflectorische Centralorgane, die aber zu einer selbständigen Thätigkeit in keiner Weise befähigt wären.

Durch meine eigenen Versuche bin ich zu einer wesentlich anderen Auffassung gelangt. Zwar kann ich das Thatsächliche der Goltz'schen Angaben zum Theil bestätigen; eine länger fortgesetzte Beobachtung des abgequetschten Ventrikels hat aber noch weitere wichtige Erscheinungen aufgedeckt, die sich mit den von Goltz und den aus den Goltz'schen Versuchen von Rosenthal (58) und Anderen gezogenen Schlussfolgerungen durchaus nicht in Uebereinstimmung bringen lassen.

---

1. Eigene Versuche am abgeklemmten Ventrikel.

Zur physiologischen Abtrennung der Kammer bediente ich mich, wie bei den Versuchen über die Herzspitze, der Abklemmungspincette. Dieselbe wurde entweder in oder ein klein wenig über der Atriengrenze der Kammer angelegt; etwa eine Minute lang blieb sie zugeklemmt, dann wurde sie mit Vorsicht gelöst. Ich benutzte entweder curarisirte oder kurz zuvor mit oder ohne stärkeren Blutverlust getödtete Frösche.[1] Bei den todten Fröschen pflegen die zu schildernden Erscheinungen schneller abzulaufen wie bei den lebenden. An lebenden unvergifteten Thieren zu experimentiren ist nicht rathsam. Auch bei ihnen tritt in nicht allzu langer Zeit Erstickung ein, weil die Vorhöfe nicht im Stande sind, den träge pulsirenden Ventrikel so zu ersetzen, dass die Circulation nicht leidet. Schon Bernstein (59) hat dies bei Wiederholung des Goltz'schen Versuches bemerkt. „Nur kleine Quantitäten Blutes", sagt er, „gelangen in die Aorten, und in Folge dessen färbt sich das Blut im linken Vorhofe sehr bald dunkel." Ich füge hinzu, dass in nicht langer Zeit auch deutliche Erstickungserscheinungen von Seiten des Centralnervensystems eintreten können. Immer ist das aber nicht der Fall; ich sah in einem Falle den abgeklemmten Ventrikel noch nach mehr als 24 Stunden mit hellrothem Blute gefüllt und den Frosch dabei in anscheinend normaler Weise athmen und auf Reize reagiren. In meinen meisten Experimenten war aber der abgeklemmte Ventrikel nicht mit hellem Blute, sondern mit Erstickungsblut gefüllt. Da auch die Versuche an der abgeklemmten Spitze zumeist an Curarefröschen angestellt sind, so dürfte in dem Inhalt der beiden Herztheile, der Spitze in den einen, der Kammer in den anderen Versuchen, kein grosser Unterschied vorhanden gewesen sein. Zum Ueberfluss habe ich auch die Spitzen von Herzen abgeklemmt, deren Ventrikel kürzere oder längere Zeit zuvor bereits in der Atriengrenze abgeklemmt worden war. Der Inhalt der Spitze war hier derselbe wie der der ganzen abgeklemmten Kammer. Ich bemerkte aber in dem Verhalten des Herzmuskels nichts, was von dem früher beobachteten Verhalten abwich.

Die Aufzeichnung der Kammerpulse geschah mittelst des Fühlhebels. Oefters wurde dabei unter das Herz ein Glimmerblättchen gelegt. Der Fühlhebel giebt, wenn er sehr leicht und wenn das Herz in der Diastole gut gefüllt ist, die Vorhöfe kräftig pulsiren, nicht Herzstosszeichnungen, sondern er zeichnet die Füllung der Kammer auf, er giebt Volumcurven. Liegt er auf der eben entleerten Kammer, so hebt er sich, wenn deren Pulse sehr langsam folgen, bei jeder Vorhofssystole, die die Kammer stärker anfüllt, um ein kleines Stück. Schliesslich erreicht der Ventrikel (bei fortdauerndem Stillstande) seine maximale Füllung, der Hebel damit seine maximale Hebung; er macht jetzt die Schwankungen des Ventrikels mit, die derselbe unter dem Einflusse der Vorhofsthätigkeit einerseits und seinem elastischen Verkleinerungsbestreben andererseits erfährt. Kommt jetzt ein

[1] Zu den Kammerversuchen kamen ausschliesslich Esculenten zur Verwendung. Das Herz des Grasfrosches ist für diese Experimente seiner geringen Widerstandsfähigkeit wegen nicht zu empfehlen.

Kammerpuls zustande, so geht der Hebel bei der plötzlichen Verkleinerung des Kammervolumens stark nach unten, um erst durch die allmählich wieder zunehmende Füllung successive gehoben zu werden.

Ist der Hebel dagegen schwerer, wie z. B. wenn man, um auf das unendliche Papier zu zeichnen, die Hebelspitze mit einer gefüllten Glasfeder belastet, oder ist auch bei maximaler Füllung die Prallheit des Ventrikels nicht gross, wie z. B. bei Versuchen an getödteten oder lange erstickten Fröschen, — so werden nicht Volumcurven, sondern Herzstosscurven gezeichnet. Die ventralwärts gerichtete Hebung des sich zusammenziehenden Ventrikels ertheilt dem belastenden Hebel eine Bewegung in derselben Richtung.

Auf den Ablauf der an der abgeklemmten Kammer zu beobachtenden Erscheinungen ist es in der Regel ohne grösseren Einfluss, ob man sie mit einem etwas schwereren oder mit einem ganz leichten Hebel, oder ob man sie gar nicht belastet. Häufige Versuche, bei denen gar kein graphisches Verfahren zur Anwendung kam, haben mir das bewiesen.

Auf den meisten Zeichnungen, auch bei den Herzstosscurven, sind neben den Kammercontractionen als kleine Zacken die Vorhofspulse bemerkbar. Es ist manchmal von Interesse, das Zahlenverhältniss beider bestimmen zu können.

Hat man an einem Froschherzen die Abklemmung der Kammer ausgeführt, so ist deren Verhalten folgendes: Nach Lüftung der Klemmpincette erfolgt eine bald grössere bald geringere Reihe von anfangs frequenten, dann langsam werdenden Ventrikelpulsen. Ihnen schliesst sich ein langer Stillstand an. Derselbe dauert im Durchschnitt 3 Minuten, kann aber auch länger oder weniger lange währen. Dann erfolgt ein Puls, nach langer Pause ein zweiter; und so folgen sich weit von einander abstehende Kammercontractionen lange Zeit, ohne gewöhnlich grosse Regelmässigkeit in ihrer Wiederkehr zu zeigen (Fig. 6 Taf. II). Nicht selten sieht man statt eines Pulses zwei schnell sich folgende; auch kleine Gruppen von 3 bis 4 Pulsen treten bisweilen auf. Allmählich mehren sich die Gruppen; die Einzelpulse schwinden mehr und mehr. Mit fortschreitender Zeit nehmen die Gruppen an Länge zu; nicht lange dauert es, bis sie ein Maximum erreichen. Sie können dann aus 10 bis 15 und mehr Pulsationen bestehen, und sind durch längere Pausen von einander getrennt. Dann werden sie wieder langsam kleiner. Schliesslich sind nur noch Einzelpulse vorhanden, die in langen Abständen einander folgen, und bis zum völligen Erlöschen an Stärke allmählich abnehmen.

Bei kräftigen curarisirten Fröschen kann die ganze Erscheinungsreihe sich auf einen bedeutenden, oft weit mehr als 24 Stunden umfassenden

Zeitraum erstrecken. Besonders lange währt das Stadium der Gruppen, das in warmer Sommerszeit 6 bis 8 Stunden nach der Abklemmung seine volle Ausbildung erreicht zu haben pflegt. Bei getödteten Fröschen laufen die Erscheinungen schneller ab, oft ist hier nach wenigen Stunden schon der Verfall eingetreten. Natürlich ist die Temperatur auf die Geschwindigkeit des Ablaufes von nicht geringem Einfluss. Oft zeigen die einzelnen Gruppen das Phänomen der „aufsteigenden Treppe", d. h. die Pulshöhen nehmen vom Anfang der Gruppe gerechnet successive an Höhe zu. Deutlich ausgebildete absteigende Treppen habe ich nie zu Gesicht bekommen.

Zum Belege für diese Schilderung führe ich aus meinen zahlreichen Versuchen (ich habe mehr als 60 Abklemmungen der Kammer ausgeführt und den Verlauf der Erscheinungen in den meisten dieser Fälle genau verfolgt) einige Beispiele an, die nebst den beigefügten graphischen Darstellungen ein anschaulicheres Bild von dem Verhalten des abgeklemmten Ventrikels geben dürften, als die vorangeschickte allgemeine Beschreibung.

Versuch I illustrirt das erste, das der Abklemmung unmittelbar folgende Stadium. Die folgenden Versuche entsprechen dem Stadium der periodisch aussetzenden Pulse. In Versuch IV ist der Beginn der Auflösung der Gruppen in Einzelpulse mit dargestellt. Die sub II mitgetheilten Zählungen beginnen 8 Stunden nach der Abklemmung; es handelte sich um einen mit Curare vergifteten Frosch. Die übrigen Versuche sind an getödteten Thieren angestellt und zeigen einen sehr frühen Eintritt der Periodik. Bemerkenswerth ist die Kürze der Gruppen in Versuch III, ihre aussergewöhnliche Länge in Versuch IV. Fig. 6 Taf. II erläutert das Verhalten des Ventrikels bald nach der Abklemmung.

I. Versuch vom 2. Juli 1883.

Curarisirter Frosch. 5^h 56′ Abklemmung in der Atrioventricularfurche. Lange Pause; dann erfolgen Pulse des Ventrikels:

Eintritt des Pulses.	Pause.	Eintritt des Pulses.	Pause.
6^h 3′		11′ 50″	
	2′ 20″		1′ 40″
5′ 20″		13′ 30″	
	1′ 40″	. . .	1′ 20″
7′		14′ 50″ (2 Pulse)	
	2′ 30″	. .	2′ 10″
9′ 30″		17′	
	30″		30″
10′		17′ 30″	
	1′ 30″	. . .	1′
11′ 30″		18′ 30″ (4 Pulse)	
	20″	.	45″

Eintritt des Pulses.	Pause.	Eintritt des Pulses.	Pause.
19′ 15″		. . .	23″
	30″	29′ 40″ (2 Pulse)	
19′ 45″		.	25″
. . .	2′ 10″	30′ 5″	
21′ 55″ (2 Pulse)			40″
	50″	30′ 45″	
22′ 45″			17″
. . .	45″	31′ 2″	
23′ 30″ (2 Pulse)			13″
. . .	50″	„ 15″	
24′ 20″ (3 Pulse)			12″
	35″	„ 27″	
24′ 45″			11″
	43″	„ 38″	
25′ 28″			22″
	23″	32′ 0″	
25′ 45″			20″
	19″	„ 20″	
26′ 4″			14″
	36″	„ 34″	
26′ 40″			16″
	45″	„ 50″	
27′ 23″			17″
	21″	33′ 7″	
27′ 44″			15″
	31″	„ 22″	
28′ 15″			15″
	32″	„ 37″	
28′ 47″			21″
	30″	„ 58″	
29′ 17″			

II. Versuch vom 6. Juli 1883.

R. esculenta. Curare. 8^{h} 37′ Abklemmung des Ventrikels. $4^{1}/_{2}{}^{h}$ Beginn der Aufzeichnung.

Pulszahl und Dauer der Gruppen.	Dauer der Pause.	Pulszahl und Dauer der Gruppen.	Dauer der Pause.
8 Pulse in 27″			93″
	121″	7 Pulse in 24″	
8 „ „ 27″			90″
	100″	7 „ „ 25″	
7 „ „ 24″			93″
	100″	7 „ „ 27″	
7 „ „ 23″			93″
	98″	6 „ „ 21″	
7 „ „ 26″			92″

Pulszahl und Dauer der Gruppen.	Dauer der Pause.	Pulszahl und Dauer der Gruppen.	Dauer der Pause.
6 Pulse in 22″		6 Pulse in 21″	
	90″		92″
6 „ „ 21″		6 „ „ 22″	
	98″		96″
6 „ „ 22″		7 „ „ 26″	
	91″		100“
6 „ „ 23″		6 „ „ 21″	
	86″		94″
6 „ „ 21″		6 „ „ 22″	
	99″		96″
7 „ „ 27″		6 „ „ 22″	
	103″		95″
7 „ „ 25″		6 „ „ 22″	
.	96″		

Etwas später zeigte derselbe Ventrikel folgende Gruppe:

6 Pulse in 20″			83″
	88″	6 Pulse in 24″	
6 „ „ 21″			85″
	81″	5 „ „ 22″	
6 „ „ 22″			78″
	82″	6 „ „ 23″	
6 „ „ 24″			

Ein Theil dieses Versuches ist in Fig. 7 Taf. II. graphisch dargestellt.

III. Versuch vom 17. Juli 1883.

Frosch durch unblutige Ausbohrung des Centralnervensystems getödtet.
8^h 48′ erst Ventrikel, dann Herzspitze abgeklemmt.[1]
9^h 52′ der Ventrikelrest schlägt periodisch. Spitze steht.

Eintritt der Gruppe.	Zahl der Einzelpulse.	Eintritt der Gruppe.	Zahl der Einzelpulse.
9^h 54′ 0″—15″	4 Pulse	10^h 59′ 7″—12″	2 Pulse
55′ 19″—34″	4 „	0′ 6″—15″	3 „
56′ 45″—52″ .	2 „	1′ 20″—31″	3 „
57′ 49″—58′ 3″	3 „	2′ 37″—47″	3 „
Beobachtungspause.			
10^h 45′ 0″—12″	3 Pulse	9^h 51′ 9″—15″	2 „
46′ 32″—43″	4 „	10^h 52′ 40″—52″	3 „
48′ 8″—15″	2 „	54′ 21″—30″ .	2 „
49′ 35″—45″	3 „	55′ 50″—51′ 0″	3 „

[1] Die Doppelabklemmung geschah aus Gründen, die hier nicht in Betracht kommen. Auf den Ablauf der Erscheinungen ist sie nachweislich ohne besonderen Einfluss.

Eintritt der Gruppe.	Zahl der Einzelpulse.
57′ 30″—37″	2 Pulse
59′ 2″—12″	3 „
Beobachtungspause.	
12h 6′ 6″—15″	3 Pulse
8′ 19″—30″	3 „
10′ 32″—40″	3 „
Beobachtungspause.	

Eintritt der Gruppe.	Zahl der Einzelpulse.
4h 45′ .	3 Pulse
47′ 35″ . . .	4 „
49′ 44″—50′ 0″	4 „
52′ 0″—15″	4 „
54′ 13″—26″	4 „
u. s. w.	

IV.

Versuch vom 10. Juli 1883.

R. esculenta. Unblutige Ausbohrung des Centralnervensystems.
8h 57′ VM. Abklemmung des Ventrikels.
9h 15′ VM. Beginn der Aufzeichnung.

Pulszahl und Dauer der Gruppe.	Dauer der Pause.
23 Pulse in 40″	
	35″
29 „ „ 52″	
	36″
37 „ „ 64″	
	40″
45 „ „ 71″	
	41″
49 „ „ 78″	
	—″
47 „ „ 79″	
	49″
45 „ „ 78″	
	51″
49 „ „ 91″	
	52″
51 „ „ 92″	
	51″
45 „ „ 87″	
	59″
40 „ „ 80″	
	58″
46 „ „ 95″	
	55″
43 „ „ 83″	
	57″
51 „ „ 104″	

Pulszahl und Dauer der Gruppe.	Dauer der Pause.
	58″
46 Pulse in 99″	
	62″
34 „ „ 68″	
	55″
37 „ „ 78″	
	56″
33 „ „ 70″	
	60″
35 „ „ 76″	
	65″
22 „ „ 45″	
	52″
24 „ „ 50″	
	59″
23 „ „ 48″	
	59″
21 „ „ 47″	
	55″
22 „ „ 50″	
	58″
19 „ „ 42″	
	56″
15 „ „ 32″	
	52″
18 „ „ 42″	
	55″

Pulszahl und Dauer der Gruppe.	Dauer der Pause.	Pulszahl und Dauer der Gruppe.	Dauer der Pause.
17 Pulse in 34″			46″
	54″	5 Pulse in 18″	
20 „ „ 43″			44″
	58″	4 „ „ 15″	
21 „ „ 48″			43′
	62″	4 „ „ 15″	
17 „ „ 40″			42″
	56″	3 „ „ 13″	
14 „ „ 32″			37″
	54″	3 „ „ 14″	
14 „ „ 32″			28″
	51″	2 „ „ 8″	
17 „ „ 40″			36″
	57″	3 „ „ 12″	
16 „ „ 39″			19″
	56″	1	
16 „ „ 38″			31″
	57″	1	
16 „ „ 39″			31″
	60″	2 „ „ 8″	
14 „ „ 34″			30″
	60″	2 „ „ 9″	
11 „ „ 28″			32″
	57″	1	
10 „ „ 26″			29″
	54″	2 „ „ 10″	
8 „ „ 22″			32″
	54″	1	
8 „ „ 22″			25″
	52″	1	
7 „ „ 29″			30″
	49″	1	
8 „ „ 23″			25″
	48″	2 „ „ 10″	
8 „ „ 23″			33″
	49″	1	
7 „ „ 22″			30″
	51″	2 „ „ 9″	
6 „ „ 19″			30″
	47″	1	
7 „ „ 22″			25″
	54″	1	
7 „ „ 23″			29″
	48″	1	
5 „ „ 17″			28″
	45″	1	
5 „ „ 18″			24″

Pulszahl und Dauer der Gruppe.	Dauer der Pause.	Pulszahl und Dauer der Gruppe.	Dauer der Pause.
1		1	
	23″		25″
1		1	
	24″		27″
1		2 Pulse in 10″	
	24″		32″
1		1	
	22″		24″
1		1	
	22″		24″
1		1	
	24″		24″
1		1	
	22″		

Das Stadium der Einzelpulse, deren Höhe mehr und mehr abnimmt, dauert noch lange an.

Fig. 8. Taf. II illustrirt einen Theil dieses durchweg graphisch aufgezeichneten Versuches.

V.

Versuch vom 4. Juli 1883.

Getödteter Frosch. Abklemmung der Kammer 9^h 16′. Anfangs langsame Einzelpulse.

9^h 40′ Beginn der Aufzeichnung:

Pulszahl und Dauer der Gruppe.	Dauer der Pause.	Pulszahl und Dauer der Gruppe.	Dauer der Pause.
18 Pulse in 23″		7 Pulse in 15″	
	51″		78″
21 „ „ 26″		5 „ „ 12″	
	58″		74″
18 „ „ 24″		5 „ „ 14″	
	64″		82″
14 „ „ 21″		4 „ „ 12″	
	68″		74″
11 „ „ 18″		4 „ „ 12″	
	71″		83″
8 „ „ 16″		4 „ „ 14″	
	73″		

u. s. w.

So stellte sich das typische Verhalten des Ventrikels nach der Abklemmung dar. Davon zeigen sich jedoch nicht selten mancherlei Abweichungen. So können die am Anfange sich vorfindenden frequenten Pulse fehlen; die lange Pause kann sofort nach der Klemmung, ja schon während derselben eintreten. Das der Pause folgende Stadium sehr langsamer Einzel- oder Doppelpulse kann sehr verkürzt sein, die Gruppenbildung sehr frühe beginnen. Zuweilen tritt letztere nur für kurze Zeit auf, um dann wieder langsamen Einzelpulsen zu weichen, aus denen sich später noch ein neues Gruppenstadium entwickeln kann. Endlich tritt ausnahmsweise ohne ersichtliche äussere Veranlassung an dem in gewöhnlicher Weise abgeklemmten Ventrikel in Zeiträumen von mehr als 24 Stunden keine Gruppenbildung ein, sondern von Anfang an sind nur in gewöhnlichem bald mehr, bald weniger regelmässigem, meist langsamem Rhythmus erfolgende Einzelpulse vorhanden. Dieselben können auch frequent werden, so frequent, dass sie die Zahl der Vorhofpulse erreichen; zuweilen alterniren sie mit ihnen wie in einem unbeschädigten Herzen. Auf ungenügender Abklemmung beruht diese Erscheinung nicht; man kann die Abklemmung verschiedene Male wiederholen, ohne dass, von einem initialen Stillstande abgesehen, eine wesentliche Veränderung eintritt. Das geschilderte Verhalten ist übrigens selten.

Es bleibt mir nun noch übrig, über die während des periodisch aussetzenden Pulsstadiums in den Pausen hervorzurufenden reflectorischen Gruppen zu sprechen. Denn anders kann ich jene Contractionsreihen nicht bezeichnen, die nach leichter Reizung einer umschriebenen Stelle der Kammerspitze erscheinen. Die Reizung erfolgte durch Berührung oder leichten Druck mit einem stumpfen Instrumente. Der Erfolg war verschieden, je nach dem Stadium der Pulspause, in welcher die Reizung erfolgte. Kurze Zeit nach Ablauf einer Gruppe bewirkte sie nur einen Puls; je weiter man sich von der vorangegangenen Gruppe entfernte, desto zahlreichere Pulse traten auf; reizte man kurz vor dem muthmasslichen Ende der Pause, so wurde die volle Gruppe ausgelöst. Nach einer durch Reizung hervorgerufenen Pulsreihe ist oftmals die nachfolgende Pause gegenüber der nach einer spontanen Gruppe folgenden verlängert.

Folgender Versuch möge ein Beispiel des geschilderten Verhaltens geben.

VI.
Versuch vom 9. Juli 1883.

R. esculenta. 8^h 39′ Curare.

10^h 30′ Abklemmung der Kammer.

5^h 24′ Beginn der Aufzeichnung.

(Die mit einem Stern versehenen Gruppen oder Einzelpulse sind durch Reizung hervorgerufen.)

Pulszahl und Dauer der Gruppe.	Dauer der Pause.	Pulszahl und Dauer der Gruppe.	Dauer der Pause.
13 Pulse in 36″			148″
	127″	13 Pulse in 42″	
13 „ „ 36″			6″
	137″	*1 Puls	
13 „ „ 36″			26″
	126″	*1 „	
*13 „ „ 37″			34″
	40″	*8 Pulse in 32″	
*7 „ „ 21″			50″
	151″	*7 „ „ 26″	
13 „ „ 39″			181″
	12″	13 „ „ 43″	
*1 Puls			155″
	12″	13 „ „ 42″	
*1 „			150″
	32″	13 „ „ 44″	
*6 Pulse in 19″			14″
	158″	*1 Puls	
13 „ „ 42″			68″
	82″	*9 Pulse in 32″	
*10 „ „ 30″			122″
	156″	11 „ „ 36″	
13 „ „ 42″			145″
	145″	12 „ „ 41″	
12 „ „ 37″.			140″
	142″	12 „ „ 42″	
13 „ „ 41″			140″
	150″	12 „ „ 42″	
13 „ „ 40″			

Wenn man während einer Pause an Stelle des Herzmuskels die Ganglien direct reizt, was durch Druck mit dem Sondenknopfe auf die Vorhofkammergrenze geschehen kann, so erhält man zahlreiche Pulsationen, weit zahlreicher, als sie eine später erscheinende Gruppe geliefert hätte. So erhielt ich in einem Falle, in welchem Gruppen von nur 2—3 Pulsen vorhanden waren, durch Quetschung der Vorhofgrenze des Ventrikels mehr als 60 anfangs sehr frequente Pulse, während selbst starkes Kneifen der Spitze desselben Herzens mit der Pincette nur zwei Pulsationen herbeiführte.

Es folgt aus dieser Erfahrung, dass beim periodisch aussetzenden Pulse die Zahl der in jeder Gruppe enthaltenen Contractionen nicht durch Zustände des Herzmuskels (etwa Ermüdung) begrenzt ist, sondern dass sie durch die Stärke des vorhandenen centralen Impulses bestimmt wird.

Der Leser der vorangehenden Schilderung wird bereits die Bemerkung gemacht haben, dass sie in sehr vielen Punkten dem Bilde entspricht, das Luciani (60) in einer bedeutungsvollen Abhandlung von dem Verhalten des mit Säugethierserum gespeisten sinuslosen Herzens entworfen hat. Bekanntlich hat der genannte Forscher entdeckt, dass ein solches Herz in gewissen Stadien seiner Thätigkeit einen periodisch aussetzenden Rhythmus zeigt. Dem Gruppenstadium geht voran ein „Stadium des Anfalles", dargestellt durch eine Reihe von Pulsationen, die anfänglich häufig, später selten sind; ihnen folgt eine lange Pause, die meistens von isolirten, seltenen Contractionen unterbrochen wird. Dem das Hauptinteresse in Anspruch nehmenden Gruppenstadium folgt das der „Krise": statt der Gruppen erscheinen wieder vereinzelte Pulse in grossen Abständen, die um so seltener und schwächer werden, je mehr das Herz sich der völligen Erschöpfung nähert.

Der im lebenden oder getödteten Frosche verbleibende, mit dunklem Froschblut gefüllte Ventrikel stimmt, wie man sieht, in seinem Verhalten mit dem von Luciani benutzten Herzpraeparate im Wesentlichen überein. Die drei Stadien des Anfalles, der Gruppen, der Krisis sind nach den vorangegangenen Angaben leicht an ihm wiederzuerkennen. Im Ganzen ist der Verlauf der Erscheinungen an meinem Praeparate in die Länge gezogen. Luciani spricht von einer bis über Stunden sich ausdehnenden Zeit, die vom Beginne des Experimentes bis zur Erschöpfung verfliesst. Ich habe die Thätigkeit des Ventrikels 24—48 Stunden und länger andauern sehen; insbesondere die periodische Thätigkeit konnte viele Stunden ja tagelang dauern.

Was die Einzelheiten anlangt, so ist mir eine erwähnenswerthe Differenz zwischen meinen und Luciani's Beobachtungen aufgefallen.[1] Sie betrifft die sogenannte „Treppenform" der Gruppen. Luciani sah in den ersten, dem Anfalle folgenden Gruppen, absteigende Treppen, nur in seltenen Fällen trat, nachdem sie verschwunden waren, eine aufsteigende aber rudimentär bleibende, auf die ersten 2—3 Pulse beschränkte Treppe auf. Ich

---

[1] Ich sehe hier ab von dem von jenem Forscher beobachteten Herztetanus, der der Anlegung der Ligatur folgen sollte. Wie Kronecker gezeigt hat, beruhte diese Erscheinung auf einem Fehler des Apparates. Ich selbst habe niemals Tetanus oder einen tetanusähnlichen Zustand eintreten sehen.

selbst sah eine ausgebildete absteigende Treppe nie; traten regelmässige Höhenunterschiede auf, so war das immer in der Form einer manchmal wohlausgebildeten aufsteigenden Treppe der Fall.

Im Uebrigen stimmen wie gesagt meine Beobachtungen mit denen Luciani's vielfach überein, wie sich leicht aus der von mir gegebenen Darstellung und aus einer Betrachtung der mitgetheilten Curven ergiebt. Man vergleiche z. B. über die Frequenzänderungen innerhalb der Gruppen meine Fig. 8, Taf. II mit den Angaben des genannten Forschers, insbesondere mit der in Fig. 18 seiner Abhandlung gegebenen graphischen Darstellung.

So hat sich denn das interessante Ergebniss herausgestellt, dass man bei der Beobachtung des vom übrigen Herzen physiologisch losgelösten Ventrikels auf zwei ganz verschiedenen Versuchswegen zu sehr ähnlichen Resultaten gelangt, dass insbesondere in beiden Fällen jener merkwürdige periodische Rhythmus des Pulses zur Erscheinung kommt, auf den Luciani zuerst die Aufmerksamkeit der Physiologen gelenkt hat. Konnte man in seinen Experimenten an einen specifischen Einfluss des in das Froschherz eingefüllten, vielleicht giftigen oder reizenden Kaninchenserums auf die Ganglienzellen oder auf den Herzmuskel denken, konnte man bei seiner complicirten Versuchsanordnung Einflüsse von Seiten des Füllungsdruckes oder der vielleicht die Ganglienzellen drückenden Canüle u. a. m. für möglich halten — so fallen derartige Bedenken bei meinen Versuchen fort. In der Folge soll noch gezeigt werden, dass auch den wechselnden Füllungszuständen der abgeklemmten, von den Vorhöfen aus gespeisten Kammern ein wesentlicher Antheil an der Erzeugung der Erscheinungen nicht zukommt.

2. Die Automatie des ganglienhaltigen Ventrikels.

Aus den im vorhergehenden Abschnitte mitgetheilten Versuchen folgt, dass

1) der physiologisch vom übrigen Herzen getrennte, physikalisch aber noch mit ihm im Zusammenhang gebliebene, mit Froschblut gespeiste Ventrikel pulsirt,

und dass 2) die Schlagweise des abgeklemmten Ventrikels, wenigstens in gewissen langdauernden Abschnitten des Versuches, eine periodisch aussetzende ist.

In Bezug auf das erste dieser Ergebnisse drängt sich vor Allem die Frage auf: sind die Pulsationen des abgeklemmten Ventrikels automatische oder kommen sie durch äussere Reizung zu Stande? Meiner Meinung nach ist eine völlige Selbständigkeit der Ventrikelpulsationen anzunehmen.

Ich muss mich zunächst gegen die bereits erwähnten Versuche von Goltz wenden, die gegen die Automatie der Herzkammer sprechen sollten, und auf die sich auch spätere Autoren berufen. Goltz sagt: „Schneidet man das ganze Herz aus, nachdem man in Folge der Wegnahme der Ligatur um die Ventrikelgrenze Stillstand des Ventrikels bewirkte, so verharrt der Ventrikel für immer in seinem Stillstande, während der übrige Theil des Herzens weiter pulsirt." Weiter sagt er: „Die Ganglien stellen ihre Thätigkeit ein, sobald es gelingt, sie vor der Einwirkung von Reizen zu bergen." Als solche Reize betrachtet er den mechanischen Reiz einer angelegten Ligatur, den Druck des eingepumpten Blutes, den „Luftreiz". Um den letzteren auszuschalten, operirt er unter Oel. Abgesehen davon, dass im Oel Schädlichkeiten für das Herz enthalten sein können (ich erinnere an den von Hofmann (61) nachgewiesenen Gehalt selbst sogenannter reiner Oele an freien Fettsäuren) — führt dieses Verfahren noch den in seinen Folgen nicht übersehbaren Faktor der beschleunigten Erstickung ein. Für den gar nicht geöffneten abgequetschten Ventrikel kommt ohnedies der Luftreiz nicht in Betracht. Auch der Reiz durch die liegen bleibende Ligatur fällt hier fort; es bleibt aber noch die vom übrigen Herzen her geschehende Blutfüllung als möglicher Reiz übrig.

Auf einen solchen bezieht Goltz die „scheinbar spontanen Pulsationen", die er an der dem Blutlauf erhaltenen Kammer bemerkte. Diese Beobachtung von Goltz ist sehr interessant. Er zeigt nämlich, dass eine bestimmte gesetzliche Beziehung zwischen den Pulsationen des Vorhofs und denen des abgequetschten Ventrikels besteht: auf eine bestimmte Zahl von Vorhofspulsen kommt ein Kammerpuls; offenbar muss der Füllungsdruck oder der durch die eingelaufenen Füllungsimpulse ausgeübte Reiz bis zu einer gewissen Höhe wachsen, um eine Kammercontraction hervorzurufen. Ich kann diese zuweilen sich findende Gesetzmässigkeit bestätigen, muss aber bemerken, dass ich mit Goltz glaube, es handle sich wenigstens in manchen dieser Fälle um eine unvollständige Trennung des Ventrikels vom übrigen Herzen. Wir hätten hier somit nichts anderes vor uns als einen Versuch, auf den neuerdings Gaskell (62) selbständig verfallen ist, und der darin bestand, dass die Kammer absichtlich unvollständig abgequetscht wurde und in diesem Zustande nur auf jeden zweiten oder dritten oder vierten oder noch späteren Vorhofsschlag sich einmal zusammenzog. Das graphische Verfahren mittelst eines leichten Fühlhebels, der hauptsächlich Volumcurven des Ventrikels verzeichnet, lässt den Vorgang hübsch übersehen. Fig. 16 stellt solche Curven dar. Man sieht hier nach jedem sechsten bis achten Schlage des Vorhofs einen Ventrikelpuls eintreten.

Bei vollständiger Abklemmung ist das Verhalten wohl selten ein so regelmässiges, selbst in der ersten Zeit nach der Lösung der Klemme. Wohl aber möchte ich glauben, dass der Füllungsdruck auch hier insofern von Einfluss ist, als sein bis zu einer gewissen Grösse gediehener Werth, beziehentlich der durch Summation angewachsene Reiz, den die rhythmisch wiederholte Dehnung der Kammerwand übt, vielleicht fördernd auf das jeweilige Eintreten des Ventrikelpulses einzuwirken vermöchte. Und wenn auch, meiner Auffassung nach, selbst in diesen Stadien die Ventrikelpulse aus inneren Ursachen eintreten, so könnten doch zu diesen inneren Reizen die von der Anfüllung herrührenden äusseren sich hinzuaddiren und vielleicht sogar die Periode der Ventrikelpulse bestimmen.[1]

Man geht indessen zu weit, wenn man meint, die Thätigkeit des abgequetschten Ventrikels lediglich auf die beregten Füllungsimpulse zurückführen zu können; und wenn Goltz angiebt, dass nach Ausschneiden des Herzens, also nach Unterbrechung des Blutlaufes, die abgeklemmte Kammer zu ewigem Stillstand verurtheilt sei, so muss gesagt werden, dass das durchaus nicht die Regel ist. Ich habe die einschlägigen Versuche von Goltz mehrfach wiederholt und zwar derart,

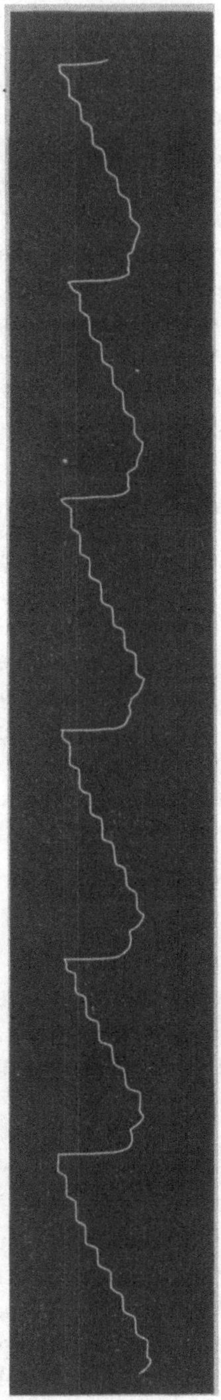

Fig. 16.
Curarisirter Frosch. Ventrikelpulse kurz nach der Abklemmung in der Vorhofsgrenze. Fühlhebel. (Volumcurven.) Die kleinen Zacken entsprechen den Vorhofspulsen, die tiefen Senkungen den Kammercontractionen.

---

[1] Wenigstens für Versuche an lebenden Fröschen ist diese Möglichkeit nicht abzulehnen; für solche, die mit Blutverlust in der gewöhnlichen Weise getödtet worden sind, kann sie nicht in demselben Grade in Anspruch genommen werden. Zu einer „enormen Grösse“ wächst hier die Kammer höchstens in der allerersten Zeit an. Jeder Puls, den sie macht, ist mit einem Blutverlust des ganzen Thieres gleichbedeutend; nur zum geringen Theile gelangt das in die Aorten ergossene Blut wieder in den Vorhof zurück. Sehr schön lässt sich das graphisch mittelst eines Fühlhebels verfolgen, welcher das Volumen des Ventrikels verzeichnet.

dass ich den abgeklemmten Ventrikel entweder bald nach der Abklemmung, meistens während der ihr folgenden „Stille“, oder nach vollständig ausgebildeter periodischer Thätigkeit oder auch zwischen diesen beiden Stadien mit dem übrigen Herzen oder mit einem Theil desselben zusammen ausschnitt. Ferner suchte ich bei ausgebildeter Thätigkeit des abgeklemmten Ventrikels die Vorhöfe zum Stillstand zu bringen und dadurch eine etwaige Abhängigkeit der Kammerpulse von den Vorhofspulsen festzustellen. Endlich fügte ich noch eine Beobachtungsreihe hinzu über die Thätigkeit des einfach abgeschnittenen Ventrikels.

Von dem Oelbade machte ich einige Male Gebrauch; meistens wurde das ausgeschnittene Herz in situ, also in der mit dem ausströmenden Blute erfüllten Brusthöhle belassen, oder in eine kleine schnell improvisirte feuchte Kammer gebracht.

a) Ausschneiden des Herzens bald nach der Abklemmung des Ventrikels.

Hierbei sah ich allerdings einigemale dauernden Stillstand folgen, ganz so wie Goltz es angiebt. Das ist aber keineswegs die Regel. Vielmehr trat in anderen Fällen nach der Lostrennung des Herzens wohl ein langer (bis 10 Minuten und länger andauernder) Stillstand auf; dann aber begannen wieder Ventrikelcontractionen. In einzelnen Fällen traten diese sogar nach einiger Zeit zu schönen Gruppen zusammen, die sich später in langsame Einzelpulse auflösten. Die Pulsationen konnten in der feuchten Kammer drei Stunden lang, wahrscheinlich noch länger, andauern.

Folgender Versuch liefert ein Beispiel:

VII. Versuch vom 29. Juli 1883.

Frosch 8^h getödtet. $9^3/_4{}^h$ Ventrikel abgeklemmt. Alsbald wird das Herz (ohne Sinus) ausgeschnitten. Langdauernder Stillstand (über 10′); während desselben wird das Herz in die feuchte Kammer gebracht.

$12^1/_4{}^h$ schlägt den Ventrikel periodisch:

12^h 23′—24′	5 Pulse
12^h 26′—27′	5 „
12^h 29′—30′	5 „

Die Vorhöfe pulsiren nicht, machen nur hin und wieder leichte wie fibrillär erscheinende Zuckungen. Sie werden der Breite nach geöffnet.

12^h 38′. Die Vorhöfe vorsichtig mit Zurücklassung eines kleinen Ringes an der Kammergrenze abgeschnitten. Die periodische Thätigkeit der Kammer bleibt bestehen.

1h 8'. Ventrikelgruppen zu je 4 Pulsen.

Der letzte Vorhofsrest wird abgeschnitten.

1h 14'	1 Puls der Kammer
1h 17'	4 Pulse „ „
1h 21'	. 4 „ „ „

u. s. w.

b) Das Herz, dessen Kammer abgeklemmt ist, wird nach dem Auftreten einer ausgesprochenen Periodik ausgeschnitten.

In allen Fällen, in denen ich diesen Versuch anstellte, habe ich das Bestehenbleiben der periodischen Schlagweise feststellen können. Die Periodik kann lange anhalten; öfters löst sie sich schon nach kurzer Zeit in die Einzelpulse der „Krisis“ (Luciani) auf.

Beispiel.

VIII. Versuch vom 17. Juli 1883.

Frosch 10h 12' VM. curarisirt.

1h 30' NM. Abklemmung des Ventrikels.

6h 22' wird periodisch aussetzendes Schlagen beobachtet.

Den 18. Juli 1883. Periodischer Puls.

8h 45' .	5 Pulse
8h 51' 30" .	3 „
9h 1' 19"—40"	6 „
9h 5' 5"—20"	5 „
9h 8' 26"—43"	4 „
9h 45' . . .	5 „
9h 50' 45"—51' 0"	5 „
9h 53' 54"—55" 10"	5 „

Aorta angeschnitten. Einige künstlich herbeigeführte Ventrikelcontractionen befördern das Blut heraus. Vorhöfe angeschnitten.

10h 0' 23"—40"	5 Pulse
10h 4' 29"—52" .	6 „
10h 6' 45"—7' 8"	6 „
10h 9' 53"—10' 15"	7 Pulse
10h 13' 4"—28"	6 „

Darauf wird der Ventrikel zusammen mit einem kleinen Vorhofsreste abgeschnitten.

10^h 17′ 45″—18′ 4″	6 Pulse
10^h 20′ 27″—45″	6 „
10^h 23′ 4″—29″	7 „

Der Ventrikel wird in eine feuchte Kammer gebracht.

10^h 40′ ist nichts geändert; in einer beobachteten Gruppe 9 Pulse.

10^h 30′ Gruppen von 7—9 Pulsen, Pausen von 4—6 Minuten u. s. w.

Diesem Versuche mit seinem in die Augen springenden Resultate habe ich Nichts hinzuzufügen. Noch ist aber gegen ihn wie gegen das sub VII mitgetheilte Experiment der Einwand des „Luftreizes“ möglich. Ich bin zwar überzeugt, dass bei den meisten meiner Versuche, die gleiche Ergebnisse lieferten wie die mitgetheilten, kaum Luft in das Innere des ausgeschnittenen Herzens zumal bis zu den Bidder'schen Ganglien eingedrungen ist; ich glaube auch, dass hinlängliche Beweise für die Möglichkeit eines Luftreizes überhaupt noch von Niemand geliefert worden sind; dennoch habe ich mich entschlossen, einige Versuche mit vollkommenem Ausschluss der atmosphärischen Luft in der Weise von Goltz anzustellen. Das Ergebniss war, wie ich voraussah, ein völlig mit meinen früheren Erfahrungen übereinstimmendes. Ich theile hier zwei meiner Versuche mit:

c) Der abgeklemmte Ventrikel wird einige Zeit nach der Abklemmung mit dem übrigen Herzen unter Oel ausgeschnitten.

Ich benutzte möglichst reines Olivenöl, welches Lakmuspapier nicht merklich veränderte, wohl aber ein durch eine Spur Natriumcarbonat blauviolett gefärbtes alkoholisches Alkannaextract (Hofmann) fast momentan röthete. Durch den Geruch war nichts von flüchtigen Fettsäuren wahrzunehmen. (Goltz hat Baumöl und Brennöl benutzt; ich bezweifle, dass letzteres die verhältnissmässige Reinheit meines Oeles gehabt haben wird.) Der Frosch wurde so in das Oel versenkt, dass über dem Froschkörper eine mehr als 1^{cm} dicke Oelschicht stand. Das abgeschnittene Herz wurde, ohne es mit der Luft in Berührung kommen zu lassen, neben den Froschkörper gelegt und verblieb während der ganzen weiteren Beobachtung in seiner Lage.[1]

IX. Versuch vom 5. April 1884.

Curarisirter Frosch.

10^h 11′ Ventrikel abgeklemmt.

[1] Es sei hier nochmals erwähnt, dass ich die von Eckhard (63) gegen die Goltz'schen Oelversuche erhobenen Bedenken für völlig berechtigt halte. Ein negatives Ergebnis meiner Versuche wäre für mich durchaus kein Beweis für die Unrichtigkeit meiner hier vertheidigten Ansicht gewesen.

12 Uhr 30 Minuten. Langsame Einzelpulse:

12^h 32′ 47″	12^h 34′ 48″
33′ 15″	35′ 17″
33′ 47″	35′ 47″
34′ 17″	36′ 15″

Vorhöfe machen 20—22 Pulse in 30″.
12^h 39′. Frosch unter Olivenöl gebracht.

Pulse:

12^h 40′ 35″	12^h 43′ 18″
41′ 9″	44′ 0″
41′ 48″	44′ 37″
42′ 28″	45′ 10″
43′ 5″	45′ 46″

12^h 46′. Herz ausgeschnitten; bleibt unter Oel. Es erfolgt dabei ein Ventrikelpuls; dann Stillstand bis 12^h 47′ 30″.

Von da an wieder Pulsationen:

12^h 47′ 30″	12^h 50′ 46″
48′ 18″	51′ 22″
48′ 58″	52′ 1″
49′ 35″	52′ 33″
50′ 15″	
Beobachtungspause.	
1^h 0′ 40″	1^h 3′ 15″
1′ 0″	3′ 30″
1′ 31″	4′ 3″
1′ 48″	4′ 18″
2′ 16″	4′ 37″
2′ 38″	5′ 15″
Beobachtungspause.	
1^h 25′ 10″	1^h 29′ 17″
26′ 22″	29′ 58″
26′ 58″	30′ 32″
27′ 32″	31′ 0″
28′ 7″	
Beobachtungspause.	

1^h 40′ ist keine Pulsation mehr vorhanden; wenigstens erfolgt innerhalb 5′ keine. Auf mechanische Reizung der Spitze macht die Kammer eine äusserst schwache Contraction.

X. Versuch vom 5. April 1884.

Curarisirter Frosch. 1h 7′ NM. Abklemmung der Kammer. NM. 5 Uhr 45 Minuten sind langsame Einzelpulse vorhanden:

5h 47′ 25″
49′ 37″
51′ 53″

5h 52′ 45″ wird der ganze Frosch unter Oel gebracht. Es folgen weitere Pulse:

5h 53′ 54″	5h 57′ 6″
55′ 15″	„ 59′ 1″

Beobachtungspause. Während derselben hat sich deutliche Periodik entwickelt.

6h 2′ 37″—2′ 57″	3 Pulse
5′ 16″—32″	3 „
8′ 0″—15″ .	3 „
10′ 55″—11′ 35″	4 „
13′ 59″—14′ 18″	4 „
17′ 7″—20″ .	3 „
19′ 50″—20′ 12″	4 „
23′ 0″—23″	4 „

6h 24′ wird das ganze Herz ausgeschnitten, bleibt unter Oel. Die Beobachtung wird auf einige Minuten unterbrochen.

6h 30′ 2″—24″ .	4 Pulse
33′ 46″—34′ 20″ .	5 „
38′ 43″—39′ 30″ .	6 „

Beobachtungspause.

6h 46′—47′ 10″ .	9 Pulse
54′ 25″—55′ 29″	. 10 „

Die Pulse, besonders die ersten einer jeden Gruppe, sind schwach.

7h 3′ 12″—4′ 12″	. 11 Pulse
12′ 7″—43″ .	7 „
20′ 32″—21′ 6″	7 „
29′ 4″—35″ .	7 „
37′ 45″—38′ 10″	6 „

Die Beobachtung wird abgebrochen.

Im ersten Falle währten, wie man sieht, die langsamen Pulsationen des abgeklemmten und unter Oel mit dem übrigen Herzen zusammen ausgeschnittenen Ventrikels eine Stunde lang. Am interessantesten ist aber Versuch X. Auch hier waren $4^1/_2$ Stunden nach der Abklemmung nur langsame Einzelpulse vorhanden. Als der Frosch unter Oel gebracht worden war, stellten sich, offenbar unter dem Einflusse der beschleunigten Erstickung, alsbald kleine, aus drei bis vier Pulsen bestehende Gruppen ein. Dieses periodische Schlagen des Ventrikels hörte nach dem Ausschneiden des Herzens nicht auf. Im Gegentheil, die Gruppen wuchsen, freilich bei gleichzeitiger enormer Vergrösserung der Pausen, bis zu einem Maximum an, um von da langsam wieder an Grösse abzunehmen. Die Beobachtung des abgeschnittenen Herzens hatte über eine Stunde gedauert; seine Pulsationen dauerten wahrscheinlich weit länger.

d) Der abgeklemmte Ventrikel bei stillstehenden Vorhöfen.

Dass die Herzkammer sehr schöne Periodik zeigen kann, während die Vorhöfe nur noch ganz schwache Pulsationen machen, habe ich oft bemerkt. Es gelang mir aber in einzelnen Fällen sogar, die Vorkammerthätigkeit vollständig zu unterdrücken, ohne dadurch die Periodik des abgeklemmten Ventrikels zu schädigen. Ich bediente mich zur Zerstörung der Vorhofsthätigkeit einer breitbranchigen Pincette, wie sie den Gewichtssätzen chemischer Wagen beigegeben sind. Mit Hülfe derselben zerquetschte ich die Vorhöfe, so gut es ging, ohne dabei dem Ventrikel zu nahe zu kommen. Es ist nicht leicht, das gewünschte Resultat zu erhalten; doch ist es mir einigemale gelungen. Die Vorhofsthätigkeit verschwand, der Ventrikel setzte seine Gruppen fort. Die Aufzeichnung mittelst des leichten Fühlhebels zeigte nichts mehr von jenen auf die Atriencontraction zurückzuführenden kleinen Zacken, während mächtige Kammerpulse sich aufschrieben. Einen noch schöneren Erfolg gab ein Versuch, bei welchem ich einige Zeit nach geschehener Abklemmung der Kammer die Vorhöfe durch Muscarin zum Stillstand brachte.

XI. Versuch vom 31. März 1884.

Unblutig getödteter Frosch.

12^h 5′ NM. Ventrikel abgeklemmt.

12 Uhr 15 Minuten werden Einzelpulse in folgenden Abständen beobachtet:

21^h 15′ 26″	12^h 18′ 22″
16′ 28″	19′ 19″
17′ 25″	

12^h 20′ wird ein Tröpfchen starker Lösung von Muscarin. sulf. auf die Vorhöfe gebracht.

Der Ventrikel setzt seine Pulse fort:

12^h 20′ 35″
21′ 30″. Die Vorhöfe schlagen langsamer wie vorher und schwach.
22′ 45″
24′ 7″. Vorhofspuls nur noch minimal.
25′ 30″
26′ 25″. An den Vorhöfen ist nur ab und zu ein leichtes Zucken bemerkbar. Der Kammerpuls ist viel weniger kräftig als zuvor.
27′ 19″. Vorhöfe stehen vollständig.

12^h 28′ 10″	12^h 35′ 10″
29′ 2″	36′ 27″
29′ 50″	37′ 38″
30′ 38″	38′ 45″
31′ 29″	39′ 10″
32′ 14″	39′ 57″
33′ 3″	41′ 3″
33′ 43″	41′ 28″
34′ 28″	

12^h 42′ 15″. Vorhöfe machen einige wenige schwache Pulse, stehen aber dann dauernd still.
42′ 35″

Beobachtungspause.

Bei wiederaufgenommener Beobachtung schlägt der Ventrikel in Gruppen.

1. Gruppe.	1^h 57″	1^h 16″
1^h 0′ 11″	4′ 5″	25″
19″	15″	33″
30″	25″	43″
39″	35″	52″
50″	45″	9′ 2″
1′ 1″	58″	12″
13″	5′ 9″	22″
26″	22″	32″
42″	37″	44″
2. Gruppe.	55″	55″
1^h 3′ 40″		10′ 8″
46″	3. Gruppe.	20″
	1^h 8′ 9″	

1^h 35″	1^h 13′ 59″	1^h 33″
53″	14′ 8″	45″
	17″	16′ 0″
4. Gruppe.	27″	15″
1^h 13″ 15″	37″	31″
24″	47″	45″
32″	58″	
40″	15′ 9″	u. s. w.
49″	20″	

Die hier begonnene Gruppe sowie die darauf folgende ist sehr lang. Die dann folgenden sind wieder kleiner.

Die Ventrikelpulse werden von jetzt an aufgezeichnet. (Der dazu verwendete Fühlhebel ist ausserordentlich leicht.) Die Pulse sind schwach. Vorhofspulse sind seit 1^h nicht beobachtet worden.

Ein Theil der Aufzeichnung ist in Fig. 9, Taf. II wiedergegeben. Man sieht in der Figur, wie die eine Zeit lang bestehenden Gruppen sich schliesslich in sehr distante Einzelpulse auflösen. Solche sind bei dauernd stillstehenden Vorhöfen noch um 5 Uhr vorhanden. Sie sind sehr schwach; der Ventrikel ist mit blassem Inhalt schlaff gefüllt. Das Herz wird jetzt mit etwas Atropinlösung benetzt. Die Ventrikelcontractionen nehmen alsbald an Stärke bedeutend zu. Nach längerer Weile stellen sich Vorhofspulse ein, die der Kammer bald wieder rothen Inhalt zuführen.

Wenn irgend ein Versuch, so ist sicher dieser geeignet, den Beweis zu führen, dass die nach der Abklemmung der Herzkammer auftretenden Pulsationen derselben von der Thätigkeit des übrigen Herzens vollständig unabhängig sind.

e) Die Pulsationen des abgeschnittenen Ventrikels.

An der automatischen Thätigkeit des abgeschnittenen Herzventrikels ist oft gezweifelt worden. Selbst der Entdecker der Kammerganglien (64) sah dieselben nur als Reflexcentren an. Die Versuche von Stannius (65), Heidenhain (66), v. Wittich (67) weisen indessen mit Entschiedenheit auf ihre Selbstthätigkeit hin. Freilich den Ligaturversuchen von Stannius konnte der Einwurf einer mechanischen Reizung durch die liegenbleibende Ligatur gemacht werden; den Abtrennungsversuchen von Heidenhain und von v. Wittich[1] hielt man entgegen die Möglichkeit einer Reizung der

[1] v. Wittich's Versuche, die eine weitere Ausbildung der von Heidenhain angestellten sind, haben wohl nicht die weite Verbreitung gefunden, die sie verdienen.

Kammerganglien durch den Schnitt. In neuerer Zeit fand diese Annahme eine besondere Stütze an den Versuchen von H. Munk (68), welcher nachwies, dass selbst kurzdauernde mechanische Reizung der die Ganglien führenden Herzabschnitte diese zu längeren Pulsationsreihen veranlasst. Dazu kam die Wahrnehmung, dass der abgeschnittene Ventrikel seine Pulsation nur kurze Zeit fortsetzt.

So bildete sich unter Zugrundelegung der Stannius'schen Versuche eine Lehre aus, die gegenwärtig, wie es scheint, von vielen Physiologen anerkannt wird, derzufolge die Bidder'schen Kammerganglien Centren niederer Ordnung darstellen sollen, die mit der Anregung des Herzens zur automatischen Thätigkeit direct nichts zu thun haben. So meint Rosenthal (69) „dass der Remak'sche Ganglienhaufen das eigentliche automatische Centralorgan der Herzbewegungen darstelle, die Bidder'schen Ganglienhaufen aber ein accessorisches Centrum bilden, welches nur bei stärkerem Anwachsen der Reizung in Thätigkeit geräth und dann die verstärkte Herzarbeit herbeiführt, analog der accessorischen Thätigkeit des Athemapparates bei der Dyspnoe."

Es sei mir deshalb erlaubt, die wichtigsten am Froschherzen gewonnenen Ergebnisse hier mit den Worten des genannten Forschers anzuführen:

„1. Nach sorgfältiger Trennung der Kammer von den Vorhöfen hört die rhythmische Thätigkeit der ersteren nicht auf, sie wird meistens nur etwas träger, während die letzteren oft sogar etwas beschleunigter pulsiren. Doch selbst wenn letzteres nicht erfolgt, hört wenigstens die Zugehörigkeit der Kammer- und Vorhofscontractionen auf, letztere sind stets lebhafter als jene.

2. Schneidet man schichtenweis, von der Spitze des Herzens ausgehend, einzelne Stücke ab, so pulsiren die unterhalb des Schnittes (die Spitze) gelegenen Theile nicht mehr, wohl aber die mit der Atrioventricularklappe versehenen. Jene contrahiren sich jedoch noch auf örtliche Erregung, und zwar unzweifelhaft nicht im Wege des Reflexes, da ihnen ein der Reflexion fähiges Centralorgan fehlt, sondern durch directe Erregung des Muskels oder seiner Nerven.

3. Entfernt man so die Spitze, so pulsirt der obere Theil nicht selten mit sehr beschleunigtem Rhythmus selbst dann noch fort, wenn man ziemlich tiefgehende seitliche Einschnitte (links und rechts) macht, so lange nur die beiden Hälften (vordere und hintere Wand) durch einen schmalen Muskelring oben zusammenhängen.

4. Trennt man hierauf die vordere Wand vollständig von der hinteren, so bleiben die Atrioventricularklappen an der hinteren, und nur sie pulsirt unter augenscheinlicher Beschleunigung fort, die vordere bleibt unbeweglich und contrahirt sich nur, wenn man sie mechanisch durch Berührung oder Anstechen erregt.

5) Entfernt man endlich von der Innenfläche der hinteren Wand jene mittlere grauweissliche Stelle, die nachweislich Ganglien und Nerven enthält, so fällt alle Pulsation auch der hinteren Wand augenblicklich fort, der Muskel bewahrt nur noch seine Fähigkeit, sich auf Reize zu contrahiren. Ein unzweifelhafter Beweis, dass jene Ganglien die Quelle, das Centralorgan der rhythmischen Bewegungen der Kammer sind."

Da wir von den äusseren und inneren Bedingungen der Herzthätigkeit, insbesondere von der Natur der inneren Herzreize nicht viel wissen, ziehe ich vor, die letzteren nicht ihrer Intensität nach abzustufen, sondern ihnen einfach die äusseren Reize gegenüberzustellen, und in Bezug auf den ganglienführenden Ventrikel nur zu fragen: ist er, vom übrigen Herzen durch den Schnitt isolirt und der Einwirkung äusserer Reize möglichst entzogen, selbständiger Pulsationen fähig oder nicht?

Ich weiss wohl, dass es sehr schwer ist, den abgeschnittenen Ventrikel äusseren Reizen zu entziehen. Unmöglich ist es, wenn man an den „Luftreiz“ glaubt und den Ventrikel doch nicht den bedenklichen Einflüssen eines Oelbades aussetzen möchte. Ich bin ferner zwar ein Anhänger der Lehre, dass ein Schnitt nicht nur trennt, sondern auch reizt; ich glaube aber nicht an eine mehrere Stunden lang währende Reizwirkung eines einfachen Schnittes, der nicht einmal das zu reizende Organ selbst trifft, sondern nur in seiner Nähe geführt wird.

Dies vorausschickend, gehe ich an die Mittheilung meiner Wahrnehmungen an dem in der Atriengrenze vom übrigen Herzen losgelösten Ventrikel.

Zunächst ist es auch mir unzweifelhaft, dass das Abschneiden zuerst als Reiz auf die Ganglien wirkt und dadurch frequentes Schlagen der abgeschnittenen Kammer herbeiführt. Bestimmend für diese Auffassung ist, 1) dass die dem Schnitte sofort folgenden Pulse oft nach einigen Minuten zur Ruhe kommen; 2) dass sie um so zahlreicher und frequenter sind, je näher man mit dem Schnitte den Ganglien rückt, und 3) dass sie, nachdem sie aufgehört, durch eine neue Schnittführung wieder für einige Zeit angeregt werden können.

In vielen Fällen ist mit diesen „Reizpulsen“, wie ich sie nennen will, die Thätigkeit des abgeschnittenen Ventrikels erschöpft; und dieser dauernde Stillstand scheint um so eher einzutreten, je zahlreicher die Reizpulse gewesen sind, oder, um gleich eine Deutung zu geben, je mehr von den disponiblen Spannkräften des Muskels durch die erzwungene Thätigkeit aufgezehrt worden ist.

In seltenen Fällen kommt es nicht einmal zu den Reizpulsen, sondern die ausgeschnittene Kammer steht sofort und für immer still. Am zahlreichsten sind aber die Fälle, in denen an die Reizpulse eine Pause sich anschliesst, die $1/4$ bis $1/2$ Stunde andauern kann,[1] die aber nur wenige

[1] Die Pause war schon v. Wittich aufgefallen. Er sagt (a. a. O. S. 16): „Nach eigenen Versuchen kann ich Heidenhain's Angaben nur bestätigen und glaube, dass Bidder's Irrthum wohl nur darin seinen Grund findet, dass sehr oft unmittelbar nach der Lostrennung der Vorhöfe die Kammer momentan stillsteht, um sich aber, ganz constant früher oder später wieder zu erholen. Unter einer grossen Reihe von

Minuten zu dauern braucht, und der wiederum Pulsationen folgen, die sich durch ihre Schlagfolge und durch ihre Schlagweise von den Reizpulsen unterscheiden.

Viele meiner Versuche wurden mit graphischen Hülfsmitteln angestellt; der Ventrikel befand sich mit Froschblut umgeben in einem etwa 10^{mm} im Durchmesser haltenden Wachsringe, der auf eine Glastafel gekittet war; auf ihm lag ein leichter Fühlhebel.

Die Schlagfolge der späteren Ventrikelpulse ist in der Regel weniger frequent als die der Reizpulse, die übrigens selbst gegen die Pause hin an Frequenz wie an Höhe abnehmen.

Die Schlagweise ist manchmal eine rhythmische, und als solche kann sie unter allmählich zunehmender Verlangsamung stundenlang bestehen bleiben. In anderen Fällen treten Gruppen auf. Sie bestehen meistens nicht aus vielen Pulsen; es gesellen sich 4, oft nur 2 zu einer Gruppe. (Vgl. Figg. 17 und 18). Bald langsamer, bald schneller lösen sie sich in distante Einzelpulse auf. Zuweilen tritt nach der Pause erst gruppenweises Schlagen auf, die Gruppen vergrössern sich und machen schnell einem lange dauernden und nicht gerade langsamen rhythmischen Schlagen Platz.

Die oft mehrere Stunden lange Dauer der der Pause folgenden Pulse, ihr Auftreten auch an dem in der feuchten Kammer aufgehängten Ventrikel,[1] ihr Auftreten in Fällen, in denen der Ventrikel nach dem Schnitte in situ von Blut allseitig umgeben verbleibt — alle diese Momente scheinen mir darzuthun, dass äussere Reize (Schnitt, Vertrocknung u. s. w.) nicht die Ursache dieser Pulsationen sind; und ich glaube, dass auch diese Versuche

---

Beobachtungen blieben die rhythmischen Bewegungen der Kammer nicht einmal aus, zuweilen aber dauerte es 10 ja 15 Minuten, bis sie wieder begannen; anfangs äusserst träge nahmen sie an Zahl wieder zu.“

Heidenhain sah einen abgeschnittenen und (zur Entfernung der Vorhofsscheidewandreste) seines oberen Randes beraubten Ventrikel noch nach $24\frac{1}{2}$ Minuten die durch die Operation unterbrochenen Pulsationen wieder aufnehmen (dies *Archiv.* 1858. S. 487).

[1] Ich befinde mich hier im Widerspruche mit Loewit (Beiträge zur Kenntniss der Innervation des Froschherzens. I. Mitth. Pflüger's *Archiv* u. s. w. Bd. XXIII. S. 331). Derselbe sagt: „Nach dem Ventrikelschnitte schlagen sowohl Vorhof-Sinus als auch der Ventrikel weiter. Während aber der erste Theil stundenlang fortpulsirt, macht der Ventrikel unmittelbar nach dem Schnitte allerdings eine Anzahl rasch auf einander folgender Contractionen (10 bis 20 Schläge), dieselben werden aber allmählich langsamer und nach einer in den verschiedenen Fällen wechselnden Zeit tritt Stillstand des Ventrikels ein, aus dem ein Wiedererwachen zu neuen Pulsationen ohne Hinzutreten äusserer Reize in der Regel nicht mehr erfolgt.“ Als Grund wieder eintretender Pulse sieht er rasches Eintrocknen an, in der feuchten Kammer blieben die Ventrikel nach Vollendung der Reizpulse dauernd in Ruhe.

Fig. 17.
Abgeschnittener Ventrikel nach Aufhören der Reizpulse.

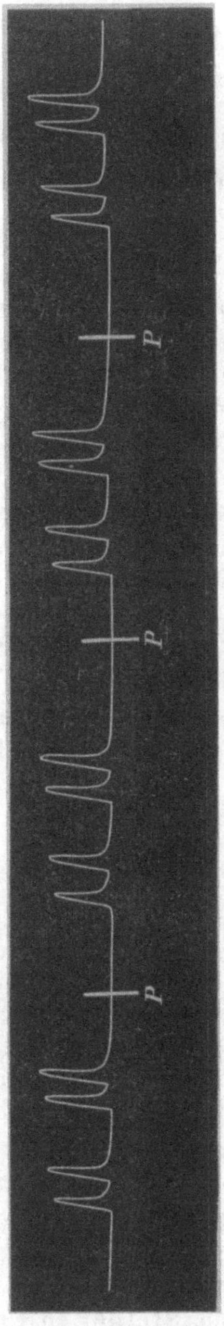

Fig. 18.
Abgeschnittener Ventrikel. Fühlhebel. Nach jeder Gruppe wird die Trommel bis gegen das Ende der Pause angehalten (*P*). Treppe!

dazu dienen, die Existenz einer automatischen Ventrikelthätigkeit wenn nicht zu beweisen, so doch als höchst wahrscheinlich erscheinen zu lassen.

---

3. Die Führerrolle der Sinusganglien.

Der Nachweis, dass den Ganglien des Ventrikels automatische Functionen zukommen, steht im Widerspruch mit der gegenwärtig wohl von den meisten Physiologen getheilten Ansicht, dass das automatische Centrum der Herzbewegung im Venensinus gelegen sei. Ich unterlasse es, auf die seit den Untersuchungen von Bidder und Stannius zu bedeutendem Umfange gelangte Literatur näher einzugehen; genauere Nachweise sind noch jüngst von Ranvier und von Loewit gegeben worden. Rosenthal hat in seiner Schrift über die automatischen Nervencentra die Gründe zusammengestellt, die ihm für die dominirende Bedeutung der Ganglien des Venensinus zu sprechen scheinen. Er beruft sich einmal auf den Versuch von Goltz, der die äusseren Reizen entzogene abgequetschte Herzkammer unthätig bleiben sah; dann auf die Angabe Steiner's, dass Bepinselung des Sinus venosus mit Galle sofort das ganze Herz zum Stillstand bringe; endlich auf den allbekannten Stannius'schen Versuch. Das Goltz'sche Experiment ist bereits oben genauer besprochen worden. Durch eigene Versuche bin ich zu abweichenden Ergebnissen gelangt. Es bleibt übrig, die Bedeutsamkeit der Angaben von Steiner und des Stannius'schen Versuches zu prüfen.

A) Die Versuche von Steiner.

Steiner (70) fand, dass Ueberschüttung des Venensackes mit Galle die Herzbewegungen aufhebt. Die Galle wirkt nach ihm deletär auf die Ganglien des Sinus, während die des Vorhofes und der Kammer nicht geschädigt werden sollen. Der Stillstand des Sinus soll den des übrigen Herzens zur Folge haben. Aehnlich wie Galle soll Strychnin und Chloroformdampf wirken. Die Beweiskraft der Gallenversuche hängt davon ab, ob die Behauptung Steiner's, dass durch Galle die Atrioventricularganglien nicht geschädigt werden, richtig ist oder nicht. Trifft sie nicht zu, so liesse sich denken, dass nach Ueberschüttung mit Galle das Herz stillstehe, weil alle gangliösen Apparate desselben gelähmt seien.

Die Beweise, die Steiner zu Gunsten seiner Behauptung anführt, erscheinen keineswegs einleuchtend. „Die Galle“, sagt er, „wirkt, wenn man sie auf die dorsale Seite des ausgeschnittenen Herzens applicirt, sofort, während sie von der Brustseite her gar nicht wirkt". Was ist natürlicher? Durch das an der Rückenseite geöffnete Herz findet das Gift leichten Eingang in das Innere, von der ventralen Seite hat es erst die dicke Ventrikel- oder die Vorhofswand zu durchsetzen.

Steiner findet ferner, dass während der mit Galle bepinselte Sinus seine Pulse und seine Reizbarkeit verliert, der ebenso behandelte isolirte Vorhof weiter schlägt, wenn er vorher schlug, und reizbar bleibt, wenn er vorher stillstand. Da der Verlust der Reizbarkeit nur auf den Muskel bezogen werden kann, so folgt aus diesem Versuche höchstens, dass der Sinusmuskel der Gallewirkung schneller erliegt als der Vorhofsmuskel und dessen Ganglien. Für eine Vergiftung der Sinusganglien durch Galle beweist dieser Versuch nichts. Man kann sich durch das Experiment überzeugen, dass Galle die Musculatur des Herzens schneller schädigt als den Ganglienapparat. Man injicire einem getödteten oder curarisirten Frosche in die Abdominalvene schnell etwa 1 ^{Ccm} Rindergalle. Man sieht dann das freigelegte Herz nach wenigen Augenblicken erlahmen. Aber das Bild, das es darbietet, ist ein seltsames. Der Ventrikel ist starr und bewegungslos; der Venensinus und der rechte Vorhof haben ebenfalls ihre Pulsationen eingestellt; dagegen schlägt der linke Vorhof noch mehrere Minuten lang kräftig weiter, und auch am Aortenbulbus lassen sich noch Pulsationen erkennen. Wäre durch die Galle der gangliöse Apparat gelähmt worden, so müsste das ganze Herz stehen. Es stehen aber nur diejenigen Herztheile still, deren Musculatur direct von dem Gifte getroffen wurde. Da die Injection eine venöse war, musste die Galle in den Sinus, den rechten Vorhof, von da in die Kammer getrieben werden. Da sich die letztere sofort cardiotonisch zusammenzog, liess sie die Galle nicht weiter gelangen. So blieben Bulbus und Atrium sinistrum vorläufig noch vor dem Stillstande bewahrt.

Endlich möchte ich noch bemerken, dass es noch durchaus nicht klar ist, ob nicht bei der Sinusbepinselung auch eine Reizung hemmender Apparate (Vagus) in Betracht kommt. Das Wahrscheinlichste ist, dass bei directer Application der Galle auf den Sinus zunächst die dort gelegenen Hemmungsvorrichtungen gereizt werden, dass dadurch das Herz still steht, aus diesem Stillstand aber nicht mehr erwacht, weil während seiner Dauer das weiter eindringende Gift die motorischen Apparate lähmt.

Noch schwächer ist die Beweiskraft der Chloroformversuche. Die Sache liegt hier so: Steiner will beweisen, dass bei Sinuslähmung das ganze Herz stillsteht. Dazu benutzt er den Chloroformdampf, unter dessen Einfluss thatsächlich das Froschherz alsbald seine Pulse verlangsamt und später gänzlich stillsteht. Nun will er weiter darthun, dass Chloroform nur die Sinusganglien, nicht die Vorhofkammerganglien angreift; nur dann ist ja der Chloroformstillstand für die Bedeutung des Sinus beweisend. Das geschieht durch Versuche, die im Gegensatze zu den früheren Erfahrungen den Beweis liefern, dass im chloroformirten Herzen der Venensinus früher zum Stillstand kommen kann, wie das übrige Herz.[1] Wäre Steiner von dieser Erfahrung, anstatt von der früheren, ausgegangen, so wäre er nothwendig zu dem Schlusse geführt worden, dass trotz der Sinuslähmung spontane Vorhofs- und Ventrikelpulse möglich sind.

Ich selbst habe die Chloroformversuche in der Weise aufgenommen, dass ich den Sinus direct mit Chloroform bepinselte. Die Aorten eines freigelegten Froschherzens werden durchschnitten, die an der Hinterwand des Ventrikels haftende Bindegewebsbrücke durchtrennt, das Herz so zurückgeschlagen, dass der Sinus in seiner ganzen Ausdehnung frei liegt. Wird er nun vorsichtig mit Chloroform benetzt, so steht er alsbald still, während das übrige Herz weiter schlägt.

Nun hätte man aber denken können, dass das direct auf den Sinus applicirte Chloroform diesen zwar gelähmt, auf die entfernter gelegenen Vorhofs- und Kammerganglien aber erregend gewirkt habe. Dann wäre das beobachtete Fortpulsiren des Ventrikels und des Atriums nicht automatisch gewesen, sondern die Folge einer Reizung. Ich schnitt deshalb nach eingetretenem Sinusstillstand das Herz unter der Sinusvorhofgrenze ab. Sofort standen auch die abgeschnittenen Herzabtheilungen still, ein Zeichen dafür, dass sie nicht einer äusseren Reizung ihre Thätigkeit verdankt hatten; eine solche hätte sich auch jetzt noch geltend machen müssen.

Den Versuch habe ich öfters mit demselben Erfolge wiederholt. Auch habe ich statt des Chloroforms einige Male Ammoniak verwendet; die Erscheinungen waren genau dieselben. Natürlich ist bei diesen Versuchen eine Benetzung des Vorhofventrikels ängstlich zu vermeiden.

Zu weitergehenden Schlüssen möchte ich diese Versuche nicht verwenden, obwohl solche nahe genug lägen. Man könnte aus ihnen direct ableiten wollen, dass der Venensinus für die Thätigkeit des Vorhofes und

---

[1] Steiner's Versuch (S. 484 seiner Abhandlung) ist folgender:
„Ein aufgehängtes Herz schlägt 30 mal pro Minute.

9^h 23 M. Chloroform.
„ 25 „ 48 Pulse.
„ 30 „ 36 „

9^h 35 M. sieht man keine Bewegung des Sinus, während Vorhöfe und Ventrikel sich normal bewegen. Schneidet man jetzt durch einen raschen Scherenschnitt den Sinus ab, so stehen auch Vorhöfe und Ventrikel dauernd still."

der Kammer nicht nothwendig sei, da man ihn ausschalten könne, ohne jene zu lähmen. Auch die Thatsache, dass der Stannius'sche Versuch an einem Herzen mit gelähmtem Sinus ebenso gelingt, wie an einem intacten, gäbe Anlass zu Erörterungen. Indessen fragt sich doch, wie weit bei diesen Chloroformversuchen die Ausschaltung des Sinus geht. Vielleicht ist nur der Muskel gelähmt und die Ganglien des Venensackes agiren weiter und fahren fort, ihre Impulse den übrigen Herztheilen zuzusenden. Ich kann nicht beweisen, dass das nicht so ist.

Aber das lässt sich mit Sicherheit sagen, dass die Thätigkeit des Sinus venosus für das Zustandekommen der Thätigkeit des Vorhofes und des Ventrikels nicht nothwendig ist; und zweitens, dass die Versuche Steiner's das nicht beweisen, was sie beweisen wollen, weil sein einer Versuch den anderen widerlegt.

B. Der Versuch von Stannius.

So anregend auch die Beobachtungen von Stannius gewesen sind, und so fruchtbringend für die Physiologie der Herzthätigkeit die zahlreichen Versuche verschiedener Forscher auch gewesen sein mögen, für die jene zum Ausgangspunkt gedient haben, so ist es mir doch mehr wie wahrscheinlich, dass ihnen die unmittelbare Bedeutung, die Viele ihnen beilegten und beilegen, nicht zukommt.

Stannius selbst hat weitergehende Folgerungen aus seinen Versuchen nicht abgeleitet; erst Eckhard u. A. haben seinen Grundversuch dahin gedeutet, dass mit dem Fortfallen des Venensackes das automatische Centrum der Herzbewegung fortfalle. Diese Anschauungsweise ist die herrschende geworden, obwohl schon frühzeitig Heidenhain, Ludwig (71), Nawrocki (72) zeigten, dass der Versuch auch durch die Annahme einer Reizung hemmender Verrichtungen gedeutet werden könne. Die Experimente von Goltz schienen zwar definitiv die trennende Wirkung der Sinusligatur zu beweisen; sie konnten aber von den Anhängern der Führerrolle des Venensinus deshalb nicht verwerthet werden, weil sie zugleich darthun, dass das äusseren Reizen möglichst entzogene sinushaltige Herz sich nicht wesentlich anders verhält, als das sinuslose. Goltz leugnete deshalb nicht nur die Automatie der Ventrikel- und Vorhofsganglien, sondern auch die der Ganglienzellen des Sinus venosus.

Nachdem ich mich durch die oben mitgetheilten Versuche von der Automatie des Ventrikels überzeugt hatte, galt mir eine solche natürlich auch für das Ventrikel und Vorhof enthaltende Praeparat für bewiesen. Unmöglich konnte der der Stannius'schen Ligatur folgende Stillstand durch den Fortfall des einzigen automatischen Centrums bedingt sein. Abklemmungen des Venensinus, Ausschneiden des Herzens nach der Abklemmung haben mir, wie sogleich gezeigt werden soll, im Gegensatze zu den Angaben von Goltz, die Richtigkeit dieser meiner Folgerung direct bewiesen.

Zu diesen Versuchen stellte ich noch einige weitere an, durch die ich Aufschluss zu erhalten hoffte über die wahre Natur des der Stannius'schen Ligatur folgenden Herzstillstandes. Vor Jahren hat ein berühmter Physiologe diesen Stannius'schen Versuch geradezu für ein Räthsel erklärt. Sind wir heute im Stande, dieses Räthsel endgültig zu lösen? Ich glaube, nein. Auch die hier zu berichtenden Erscheinungen sollen nur ein geringes Material beibringen, das von geschickterer Hand vielleicht dereinst zur Lösung verwerthet werden kann. Nur auf eine meiner Meinung nach zulässige Erklärung des Versuches werde ich noch aufmerksam machen.

a) Abklemmung des Herzens in der Sinus-Vorhofsgrenze.[1]

Schon Luciani hat gefunden, dass, wenn man mit dem serumgefüllten Ventrikel einen grösseren oder kleineren Abschnitt des zugehörenden Vorhofes am registrirenden Manometer anbringt, die Ergebnisse nicht anders ausfallen, als bei Benutzung der isolirten Kammer. „Nur ganz im Allgemeinen“, sagt er, „erscheint wahrscheinlich, dass, je höher über dem Atrioventricularsulcus die Ligatur angelegt worden, desto länger die Gruppen und dafür die Pausen desto kürzer werden“.

Ich habe die klemmende Pincette in einzelnen Versuchen in der Mitte der Vorhöfe, in einigen anderen an der Sinus-Atriumgrenze, vielleicht etwas atrienwärts davon, angelegt. Auch ich habe in mehreren Fällen Gruppenbildung des sinuslosen Herzens zu sehen bekommen,[2] doch schien mir die Zeit bis zu ihrem Eintritte ungewöhnlich gross; das

---

[1] Loewit hat nachgewiesen, dass man zur Erzielung des Stillstandes durch den Schnitt mindestens ein kleines Stück des Vorhofes mit dem Venensinus entfernen muss. Wenn im Nächstfolgenden von Abtrennung des Sinus in der Atriengrenze oder vom Sinusschnitt schlechthin die Rede ist, so soll dieses nicht im strengsten anatomischen Sinne aufgefasst werden. Als Regel für die Ausführung des Sinusschnittes halte auch ich fest, dass auf keinen Fall der Schnitt nach dem Sinus hin abweichen darf, dass vielmehr am besten das Vorhofsgebiet mit verletzt werden soll. Der Erfolg des Schnittes bleibt dann niemals aus.

[2] Manchmal schlägt auch das ohne Sinus ausgeschnittene Herz nach Wiederaufnahme seiner Pulsationen periodisch aussetzend, wie z. B. im folgenden Falle:

Herz in der Sinus-Vorhofsgrenze ausgeschnitten. Etwa $^1/_2$ bis $^3/_4$ Stunde nach der Operation folgen die wiedereingetretenen Pulse in folgenden Zeiten:

dem Gruppenstadium vorangehende Stadium seltener Einzel- oder Doppelpulse konnte über 24 Stunden dauern; in einem Falle fehlten die Gruppen ganz.

Diese „Einzelpulse“ sind ausserdem dadurch ausgezeichnet, dass der Ventrikel zwar nur je eine Contraction macht, die Vorhöfe aber mehrmals schlagen. Gewöhnlich ist das Bild folgendes: erst erfolgt ein Vorhofspuls und unmittelbar darauf, von ihm zeitlich nicht zu trennen, der Kammerpuls; dann schlägt wieder der Vorhof einmal oder sogar zwei- oder dreimal. Der Ventrikel schlägt also in Einzelpulsen, während der Vorhof in Gruppen schlägt, und die Vorhofsgruppen fallen in dieselbe Zeit, wie die Kammereinzelpulse.[1] Sind Doppelpulse der Kammer da, so können mit jedem Paare bis fünf Vorhofspulse auftreten.

Versuch XII.

Getödteter Frosch. $4^h\ 37'$. Sinus an der Atriengrenze abgeklemmt. $5^h\ 2'$ werden ein Kammerpuls und einige Vorhofspulse beobachtet. Weiterhin gestaltet sich der Bewegungstypus folgendermassen:

Vorhof — Ventr., Vorhof — Vorhof — Vorhof.

Später:

$5^h\ 32'\ 37''$: Vo — V — Vo — Vo — Vo

$5^h\ 36'\ 15''$: Vo — V — Vo — Vo — Vo — V — Vo

$5^h\ 40'\ 19''$: Vo — V — Vo — Vo — Vo — V — Vo

$5^h\ 44'\ 30''$: Vo — V — Vo — Vo — Vo — V — Vo

$5^h\ 48'\ 42''$: Vo — V — Vo — Vo — Vo

$5^h\ 52'\ 40''$: Vo — V — Vo — Vo — Vo — V — Vo . . . . .

u. s. w.

. . . $12^h\ 51'\ 0''$	$12^h\ 57'\ 0''$	$1^h\ 0'\ 30''$
„ „ $23''$	„ „ $8''$	$1^h\ 0'\ 32''$
$12^h\ 54'\ 8''$	„ „ $18''$	$1^h\ 1'\ 4''$
„ „ $20''$	„ „ $39''$	$1^h\ 2'\ 30''$
„ „ $40''$	„ $58'\ 9''$	$40''$ . . .

Die gruppenweise Anordnung der Pulse ist leicht ersichtlich.

[1] Schon Nawrocki hat Aehnliches am sinuslos abgeschnittenen Herzen beobachtet; und Stannius giebt an, dass bei Reizung der Kammer des durch Sinusligatur stillgestellten Herzens sich gewöhnlich zuerst die Vorhöfe, dann Ventrikel und Bulbus zusammenziehen, dann aber meistens noch eine oder zwei Contractionen der Vorhöfe ohne Theilnahme der Kammer erfolgen.

In anderen Fällen war der Typus:

Vo — V — Vo, oder Vo — Vo — Vo — V — Vo oder ähnlich.

Was die Gruppen anlangt, so habe ich weder lange Gruppen, noch kurze Pausen, wie Luciani, gesehen. Im Gegentheil: während die Zahl der in eine Gruppe fallenden Pulse nicht sehr beträchtlich war, dehnten sich die Pausen zuweilen auf Zeiträume aus, wie sie mir beim isolirten Ventrikel niemals begegnet sind. Ich gebe einige Beispiele:

XIII. Versuch vom 17. April 1884.

R. esculenta. Curare. Abklemmung des Sinus an der Vorhofsgrenze 10^{h} 16′. Die Abklemmung wird, da sie unvollständig zu sein scheint, 11^{h} 27 wiederholt.

4^{h} 57′ 25″ — 1 Puls (wie alle folgenden nach dem Typus: $\widehat{\text{Vo} — \text{V}}$ — Vo).
4^{h} 54′ 58″ — 1 „
5^{h} 2′ 32″ — 1 „
5^{h} 4′ 20″ — 1 „
5^{h} 6′ 32″ — 1 „
5^{h} 8′ 52″ — 1 „
6^{h} 41′ 24″ — 1 „
6^{h} 44′ 40″ — 2 Pulse
6^{h} 49′ 40″ — 1 Puls
6^{h} 52′ 25″ — 1 „
6^{h} 55′ 45″ — 1 „
6^{h} 58′ 40″ — 1 „

Den 18. April, Vormittags 11^{h} 45′, beginnt die Aufzeichnung des nunmehr periodisch aussetzenden Pulses. Der Sinus schlägt neunmal in 30″. Vorhöfe pulsiren eben so oft, wie der Ventrikel.

				Dauer der Pause
11^{h} 58′	Gruppe	von	6 Pulsen	
				22 Minuten
12^{h} 20′	„	„	6 „	
				20 „
12^{h} 40′	„	„	6 „	
				$21^1/_2$ „
1^{h} $1^1/_2$′	„	„	6 „	
				$27^1/_2$ „
1^{h} 29′	„	„	7 „	
				33 „
1^{h} 52′	„	„	7 „	

Nachmittags nach 5^h sind die Pausen kleiner geworden.

5^h 41′	7 Pulse	
		15—16 Minuten
5^h 56′—57′.	6 „	
		6—7 „
6^h 3′.	5 „	
		8 „
6^h 11′	6 „	
		10 „
6^h 21′	6 „	
		10 „
6^h 31′	7 „	
		12 „
6^h 43′	7 „	
		$10^1/_2$ „
6^h $53^1/_2$′	7 „	
		$10^1/_2$ „
7^h 4′. . . .	8 „	

Das Herz zeichnet weitere ähnliche Gruppen bei ähnlicher Pausenlänge bis nach 9^h auf.

XIV. Versuch vom 18. April 1884.

R. escul. Curare. Sin. venos. nebst einem kleinen Stückchen Vorhof abgeklemmt 12^h 20′. 24 Stunden nachher sind Gruppen vorhanden.

Zahl der Pulse einer Gruppe.	Dauer der Pause.
7 Pulse	
	8 Minuten
7 „	
	8 „
6 „	
	7 „
8 „	
	$7^1/_2$ „
8 „	
	$7^1/_2$ „
8 „	
	8 „
9 „	
	8 „
10 „	
	8 „

Zahl der Pulse einer Gruppe.	Dauer der Pause.
10 Pulse	
	$8\frac{1}{2}$ Minuten
9 „	
	?
10 „	
	?
10 „	
	8 „
11 „	
	$8\frac{1}{2}$ „
11 „	

Abends sind Pausen und Gruppen länger geworden; die letzteren haben 14—17 Einzelpulse. Ein Theil der graphischen Aufzeichnung (entsprechend $8\frac{1}{2}$ bis $9\frac{1}{2}^h$ Abends) ist in Fig. 10, Taf. II wiedergegeben.

Das in der Mitte der Vorhöfe abgeklemmte Herz verhält sich nicht wesentlich anders, wie das an der Sinusgrenze gequetschte. Auch hier können die Pausen acht bis zehn Minuten und länger dauern. —

Wenn man bedenkt, dass bei Abklemmung der Kammer die Pausen in der Regel $1\frac{1}{2}$—2 Minuten, oft aber nur Bruchtheile einer Minute dauern, so erscheint die bedeutende Länge bei der höheren Abklemmung sehr auffallend. Das oben angeführte Maximum von 33 Minuten ist 30—60 mal grösser als die Pause, die zwei Ventrikelgruppen (bei tiefer Abklemmung) zu trennen pflegt. Einem Temperaturunterschiede der beiden verglichenen Versuchsreihen, deren eine im kalten April, die andere im warmen Juli angestellt worden war, kann der Pausenunterschied nicht zur Last gelegt werden; denn ich habe mich überzeugt, dass auch die in der kälteren Jahreszeit untersuchten abgeklemmten Kammern zwischen ihren Gruppen Pausen von sehr bescheidener Grösse zeigten.[1]

---

[1] So verzeichnete ich am 25. April 1884 die Gruppen eines abgeklemmten Ventrikels, die in folgenden Zwischenräumen folgten:

Dauer der Gruppe.	Zahl der Gruppenpulse.	Dauer der Pause.
12^h 41′ 28″ bis 55″	6 Pulse.	58 Secunden.
„ 43′ 0″	1 Puls.	65 „
„ 44′ 42″ bis 45′ 8″	6 Pulse.	102 „
„ 47′ 0″ bis 27″	6 „	112 „
„ 49′ 42″ bis 50′ 0″	5 „	75 „
„ 51′ 59″ bis 52′ 22″	5 „	119 „

u. s. w.

Die Temperatur des (geheizten) Zimmers betrug ungefähr 16° C.

b) Ausschneiden des mit Sinusklemmung versehenen Herzens unter Oel.

Auch an dem in der Sinusgrenze abgeklemmten Herzen habe ich ähnliche Versuche angestellt, wie die, die ich oben beim abgeklemmten Ventrikel schilderte. Als das Herz nach der Sinusklemmung wieder zu pulsiren angefangen hatte, schnitt ich es mit dem Sinus aus. Um den „Luftreiz“ zu vermeiden, geschah die Ausschneidung unter Oel, in welchem auch das Herz weiter verblieb. Auch diese Versuche haben mir andere Ergebnisse geliefert, als wie sie nach Goltz erwartet werden mussten: das Herz schlug auch nach dieser Operation weiter.

XV. Versuch vom 15. April 1884.

R. escul. Ohne grossen Blutverlust getödtet.

4^h 34′ Herz an der Sinus-Vorhofsgrenze abgeklemmt. Vorhöfe und Kammer füllen sich gut, aber nicht prall.

4^h 39′ 35″ 1 Puls; ihm folgen anfangs langsam, später schnell weitere Pulse.

4^h 42′ Abklemmung wiederholt.

4^h 45′ beginnt wieder die Pulsation; etwa jede Minute ein Puls (Vo — V — Vo — Vo) oder auch 2 Pulse (Vo — V — Vo — Vo — V).

4^h 52′ Frosch unter Oel gebracht.

52′ 35″	2 Pulse	
54′ 12″	2 „	
56′ 45″ . .	2 „	

Das Herz wird ausgeschnitten.

4^h 59′ 0″	2 Pulse	
5^h 0′ 55″	2 „	(Der Typus ist derselbe, wie vor dem Ausschneiden.)
5^h 2′ 45″	2 „	
4′ 40″	2 „	
6′ 35″	2 „	
8′ 40″	2 „	
10′ 50″	1 Puls	

u. s. w.

XVI. Versuch vom 16. April 1884.

11^h 4′ Abklemmung des Venensinus.

Einzelpulse:

11^h 34′ 30″

35′ 37″

37′ 27″

11h 38′ 55″
40′ 48″

Frosch in Oel gebracht.

11h 41′ 50″
43′ 0″
44′ 20″
11h 45′ Herz ausgeschnitten. Dabei ein Puls.
48′ 15″
43′ 34″
50′ 15″
51′ 43′,
53′ 18″
54′ 58″
56′ 37″
58′ 28″
12h 0′ 15″

Beobachtungspause.

12h 8′ 17″
10′ 33″
12′ 55″
15′ 17″

Beobachtungspause.

12h 25′ 47″
29′ 10″
32′ 38″ u. s. w.

XVII. Versuch vom 25. April 1884.

Getödteter Frosch. 10h 38′ Vormittags Sinus abgeklemmt.
10h 50′ „ Abklemmung wiederholt.

Langer Stillstand. Später treten wieder Pulsationen auf:

11h 47′ 30″ (Vo — V — Vo)
48′ 48″
50′ 5″
51′ 19″ . . .

(11h 53′ Frosch unter Oel gebracht.)

11h 53′ 15″
54′ 8″
55′ 25″
56′ 41″

(Das Herz wird mit seinem Sinus ausgeschnitten und verbleibt unter Oel).

11h 59′ 52″
12h 1′ 3″
2′ 25″
3′ 51″ . . .
Beobachtungspause.
13′ 20″
15′ 6″
16′ 53″
18′ 42″ . . .
Beobachtungspause.
28′ 50″ (Die Pulse sind sehr schwach geworden.)
31′ 10″
33′ 37″
36′ 15″ u. s. w.

Die angeführten Versuche sind in völliger Uebereinstimmung mit Angaben von v. Bezold (73), welcher den dem Sinusschnitte folgenden Stillstand eintreten sah, gleichviel, ob er die abgeschnittenen Herzstücke in Oel, Serum oder Zuckerwasser bettete, oder ob er sie in der Atmosphäre liegen liess.

c) Das Verhalten des sinuslosen Herzens gegen Wärme und gegen Strychnin.

Lauder Brunton und Cash (74) haben gefunden, dass das nach Anlegung der Sinusligatur stillstehende Froschherz wieder zu schlagen beginnt, wenn es erwärmt wird, oder wenn in die Herzhöhle Strychninlösung gespritzt wird. Bei strychninisirten Fröschen gelang der Stannius'sche Versuch nicht. Die genannten Beobachter vergleichen die Fortnahme des Sinus mit der Sectio bulbi, den Herzstillstand mit der Lähmung der Athmung und des Gefässtonus. Wie das der Oblongata beraubte Rückenmark unter dem Einflusse der Wärme und des Strychnins leistungsfähiger wird, so soll unter denselben Einflüssen auch die Erregbarkeit der atrioventricularen Herzganglien zunehmen, es sollen diese dadurch in den Stand gesetzt werden, ihre Thätigkeit auch ohne den ihnen sonst vom Sinus zugesendeten Reiz zu entfalten.

Hr. Stud. Aronson hat die Prüfung dieser Angaben übernommen. Bezüglich des Strychnins konnte er sie nicht bestätigen. Frösche, die mit verschiedenen Dosen von Strychnin. nitr. vergiftet waren und in verschiedenen Stadien der Vergiftung getödtet wurden, zeigten prompten Stillstand des Herzens, als der Sinus an der Atriengrenze abgetragen wurde. Ebenso gelang der Versuch an einem lebenden in heftigen Strychninkrämpfen befindlichen Frosche.

Injection von Strychninlösung in das sinuslose Herz bewirkte allerdings Pulse; solche traten aber auch ein, wenn statt der Strychninlösung destillirtes Wasser oder 0·6 procentige Kochsalzlösung eingespritzt wurde.

Ein sinusloses stillstehendes Herz konnte in schwache Strychninlösung gelegt werden, ohne dass die Pulse wieder begannen. —

Dagegen ergaben die thermischen Versuche eine Bestätigung der Angaben der englischen Forscher. Das ohne Sinus ausgeschnittene Herz kam, die dorsale Seite nach oben gerichtet, zwischen 2 Uhrschälchen, deren unteres mit einem Korkringe versehen war. Wurde die kleine Vorrichtung auf erwärmtes Wasser gesetzt (30—40° C), so begann in sehr vielen Fällen das Herz nach kurzer Zeit zu pulsiren. Wieder abgekühlt, hörte es bald auf; wiederholte Erwärmung brachte es wieder in Gang u. s. w.

Bei vielen Herzen genügt es, sie im Uhrschälchen auf die Hohlhand zu bringen; die 32—33° C betragende Wärme derselben ist oft ausreichend, die Pulse anzuregen. Manchmal bedarf es noch eines einleitenden mechanischen Reizes, um die Pulsation in Gang zu bringen.

Wahrscheinlich handelt es sich um einen Reiz, den die Wärme auf die Ganglienzellen des Vorhofs und Ventrikels ausübt; an eine Reizung des Herzmuskels möchte ich deshalb nicht denken, weil die abgeschnittene ganglienlose Herzspitze durch Wärme niemals zum Pulsiren kommt.

In unaufgeklärtem Widerspruch steht mit diesen Versuchen die von mir öfters gemachte Erfahrung, dass bei Fröschen, die im Salzwasserbade nach Freilegung der Herzen erwärmt worden sind, der Stannius'sche Versuch nach wie vor gelingt. Wärme vermag also den eingetretenen Stillstand zu beseitigen, nicht aber den Eintritt desselben zu verhindern. —

Es sei im Anschluss an diese Versuche noch erwähnt, dass auch an stark abgekühlten Herzen die Sinusligatur Herzstillstand herbeiführt. Nach der Angabe von Luchsinger und J. Ludwig ist an einem solchen Herzen Vagusreizung ohne Wirkung. Ich glaubte deshalb mittelst der Abkühlung entscheiden zu können, ob die Sinusligatur durch Reizung des Vagus wirkt oder nicht. Man sieht indessen leicht, dass das negative Ergebniss die Möglichkeit der Heidenhain'schen Deutung nicht tangirt; denn wenn die Kälte auch die Reizung der extracardialen Vagusfasern unwirksam macht, so braucht sie deshalb nicht auch die Erregbarkeit im Herzen selbst gelegener Hemmungsapparate zu schädigen.

d) Die Reizung von Hemmungsapparaten durch den Sinusschnitt.

Die Annahme, dass Reizung hemmender Vorrichtungen den der Sinus- oder Vorhofsligatur folgenden Stillstand bedinge, haben Heidenhain und Nawrocki erstens dadurch begründet, dass scharfe Scheerenschnitte überhaupt keinen Stillstand herbeiführen, und zweitens durch den Nachweis, dass der eingetretene Stillstand kein dauernder ist, sondern je nach dem Orte der Schnittführung oder Unterbindung früher oder später wieder eintretenden Pulsen Platz macht.

Ich habe einige Erfahrungen gesammelt, die sich diesen für die Hemmungshypothese sprechenden Thatsachen anschliessen. Sie knüpfen an folgende Ueberlegung an: Wenn es richtig ist, dass im Vorhofe von der Einmündungsstelle des Venensackes an bis zur Kammergrenze Gebilde liegen, deren mechanische Reizung längeren Herzstillstand herbeiführt[1]), dann muss ein an der Sinusgrenze abgeschnittenes Herz, das nach überstandener Hemmung wieder schlägt, auf's Neue dem Stillstande anheimfallen, wenn man einen neuen Schnitt oder eine neue Ligatur durch die ihm noch anhaftenden Vorhöfe legt.

Der Erfolg des Experimentes entspricht nun, wie aus den folgenden Beispielen zu ersehen ist, vollkommen dieser Forderung. Ich will vorher noch bemerken, dass man beim zweiten Schnitte sich zu hüten hat, der Ventrikelfurche zu nahe zu kommen; dass man ferner darauf zu sehen hat, dass nicht nur ein beliebiges Stück der Vorhöfe, sondern ein solches Stück derselben entfernt werde, welches einen Theil der Vorhofsscheidewand enthält; endlich dass nicht alle Versuche gelingen, sondern dass in manchen Fällen der zweite Schnitt allerdings ergebnisslos bleibt.

Versuch XVIII.

An einem getödteten Frosche wird 11^h 48′ 15″ der Sinusschnitt ausgeführt. Das Herz bleibt stehen und verharrt in seinem Stillstande lange Zeit. Es wird mit einem kleinen Weinglase bedeckt und auf Froschhaut gebettet.

12^h 4′ wird das Herz schlagend angetroffen, und zwar schlägt es regelmässig und frequent: 7 Mal in 15″.

12^h 5′ 20″ Vorhöfe mit nicht allzuscharfer Scheere mitten durchschnitten. Das Herz bleibt stehen und beginnt erst um 12^h 11′ 50″ wieder zu schlagen. Von da an folgen Einzelpulse:

12^h 16′ 15″	12^h 23′ 55″
19′ 48″	27′ 46″
20′ 0″	31′ 15″ etc.

[1] Wenn man den Sinus eines ausgeschnittenen Herzens stückweise abträgt, so tritt der Stillstand, wenn man kleine Stücke macht, oft erst nach dem zehnten oder nach einem noch späteren Schnitte ein. Untersucht man das letzte Stück, dessen Fortnahme der Herzstillstand also sofort folgt, mikroskopisch, so findet man stets in ihm reichliche Ganglienzellen vor. Offenbar ist bei der Annahme gereizter Hemmungsvorrichtungen, wie schon Heidenhain ausführt, nicht nur an die reinen Vagusfasern sondern vor Allem an die ihnen anliegenden Ganglienzellen zu denken.

In einem anderen Falle folgte dem nach Wiederbeginn der Pulsationen ausgeführten Vorhofsschnitte ein mehrere Minuten lang dauernder Stillstand; dann begannen wieder Pulse, zuerst langsam, später an Frequenz zunehmend. — Denselben Erfolg wie bei Sinus- und Vorhofsschnitten beobachtete ich bei Anlegung von Ligaturen.

Versuch XIX.

Getödteter Frosch. Fadenschlinge um die Sinus-Vorhofsgrenze, eine andere um die Mitte der Vorhöfe gelegt. 10^h 31′ wird die erstere zugezogen. Das Herz steht still.

$11^1/_4{}^h$ sind wieder Pulsationen vorhanden:

11^h $14^1/_2$′ — 11^h 19′ — 11^h 23′ — 11^h 27′ etc.

Jetzt wird die Vorhofsschlinge zugezogen. Dem Zuziehen folgen einige frequente Pulse, bis 11^h $28^1/_2$′. Von da an Pause. Dieselbe dauert bis 11^h 39′, also über 10 Minuten; von da an weitere Einzelpulse:

11^h $41^1/_2$′ — 11^h $44^3/_4$′ — 11^h 48′ — 11^h $51^1/_2$′ etc.

Noch prägnanter scheinen sich derartige Versuche am Fischherzen zu gestalten, über die Hr. Prellwitz in seiner Dissertation ausführlich berichten wird. Nach Abtrennung des Herzens in der Nähe der Sinus-Vorhofsgrenze tritt hier oftmals nur ein sehr kurzer Stillstand ein. Schneidet man nach dem Wiederbeginn der Pulse noch ein tüchtiges Vorhofsstück fort, so kann ein zweiter Stillstand erfolgen, der den ersten an Länge übertrifft.

Die beschriebenen Erscheinungen sind mit der Annahme Rosenthal's, dass der Sinusschnitt das eigentliche automatische Herzcentrum entferne, und dass die darauf wiedereintretenden Pulsationen durch die nur im Nothfalle automatisch werdenden accessorischen im Ventrikel gelegenen Centren bedingt seien, schlechterdings unvereinbar. Weshalb sollte diese Gebilde ein neuer Schnitt in ihrer neuen Thätigkeit stören?

Dagegen wäre das Experiment für Diejenigen erklärbar, die den Wiedereintritt der Pulse als durch Reizung der der Schnittstelle oder dem Unterbindungsfaden nahegelegenen Ganglienzellen verursacht, ansehen. Für sie trüge der zweite Schnitt eben die im Reizungszustand befindlichen Theile ab. Das Unhaltbare dieser Anschauungen habe ich aber bereits oben bewiesen.

Die Hypothese Heidenhain's erklärt den der zweiten Schnittführung folgenden Stillstand ohne Zwang, wie sie überhaupt unter den vorliegenden Annahmen am meisten den beobachteten Thatsachen gerecht wird. Loewit stösst sich daran, dass eine mechanische Verletzung der Vorhöfe durch Reizung der Hemmungsvorrichtungen Stillstand herbeiführen solle, während doch elektrische Reizung dieser Theile niemals Stillstand sondern gewöhnlich Vermehrung der Pulsfrequenz erzeuge. Aber hat man nicht ähnliche Erfahrungen in neuerer Zeit öfters an Nerven gemacht, die theils hemmende, theils erregende Wirkungen auf gewisse Bewegungsvorgänge ausüben?

Ich kenne nur eine Thatsache, die sich mit der Hemmungshypothese nicht vereinigen lässt: das ist der Erfolg der Sinusligatur am atropinisirten Herzen. Ich selbst habe an Fröschen, die mit verschiedenen Atropindosen vergiftet waren, den Herzstillstand nach der Stannius'schen Ligatur nicht ausbleiben sehen. Lähmt das Atropin wirklich intracardiale Hemmungsapparate, so kann der Erfolg des Stannius'schen Experimentes nicht auf Reizung solcher Gebilde bezogen werden. Doch will ich darauf hinweisen, dass nach den Untersuchungen von Gaskell und von Luchsinger die Bezold'sche Theorie der Atropinwirkung keineswegs mehr als ein felsenfestes Gebäude angesehen werden kann.

Es findet sich aber noch ein weiterer Ausweg.

Durch die Untersuchungen Heidenhain's über die Erscheinungen der „Erregung und Hemmung" nervöser Centralorgane ist bewiesen, dass die Reizung gewisser Apparate von denselben abhängige Thätigkeiten je nach den äusseren und inneren Umständen anregen oder hemmen kann. Sollte es sich im Froschherzvorhof um derartige Gebilde handeln? Sollten vielleicht dieselben Ganglienzellen, die einen Theil des motorischen Herzcentrums darstellen, in Folge mechanischer Beeinflussung die Herzthätigkeit unterdrücken können? Ich glaube, dass man sich bei der jetzigen Lage der Dinge derartigen oder ähnlichen Annahmen, so schwer vorstellbar sie auch sein mögen, nicht wird entziehen können. Auch Ranvier, der freilich den Stannius'schen Stillstand durch Beeinflussung von Nervenfasern, nicht von Nervenzellen erklärt, kommt zu ähnlichen Vorstellungen. Für denjenigen, der sich gegen die Annahme specifischer Hemmungscentren im Herzen sträubt, ist hier gewiss ein bequemer Ausweg geschaffen. Freilich sind diese Dinge noch viel zu dunkel, als dass sie mehr als angedeutet werden könnten.

Die Stannius'schen Versuche sind hier ausführlicher behandelt worden, als dem engeren Ziele des vorliegenden Abschnittes entsprechen dürfte. Das allgemeine Interesse, welches diese Versuche haben, möge das entschuldigen. Jedenfalls hat das Vorangehende gezeigt, dass der Versuch von Stannius ebenso wenig wie der Kammerabklemmungsversuch von Goltz und die Sinusexperimente Steiner's für die Führerrolle der Sinusganglien spricht. Wenn das die einzigen Beweise sind, auf welche sich die Behauptung

Eckhard's, Rosenthal's u. A. stützt, so kann dieselbe nicht aufrecht erhalten werden. Vielmehr ist aus den bekannten Thatsachen mit grosser Wahrscheinlichkeit auf eine Solidarität der an verschiedenen Gegenden des Herzens vorfindlichen Ganglienzellen zu schliessen. Sie alle sind Sitze der Automatie. Man könnte aus der differenten anatomischen Beschaffenheit der einzelnen Zellengruppen des Herzens eine physiologische Verschiedenheit herleiten wollen, wie das Ranvier (75) versucht hat. Aber ich glaube nicht, dass dieser Forscher in seinen darauf bezüglichen Bestrebungen glücklich gewesen ist. Die Annahme, dass die einen Zellen mit Automatie und mit Hemmungsvermögen begabt, die anderen nur gewissermassen Kraftmagazine, Aufspeicherungsorte für Reize sein sollen, die sie je nach den functionellen Bedürfnissen des Organes aussenden, entbehrt doch zu sehr der sachlichen Grundlage und der Analogie mit anderen bekannten Einrichtungen. Nach meiner Meinung sind alle gangliösen Apparate mit der Fähigkeit und der Aufgabe, Reize aufzuspeichern begabt. Morphologisch ähnliche Elemente können functionell verschieden sein, morphologisch verschiedene dieselben Functionen versehen. —

Leugnet man die Existenz eines in einen umschriebenen Theil des Herzens zu verlegenden Centrums oder Ausgangspunktes der Herzinnervation, so ist damit natürlich die Erklärung des Herztypus, d. h. der gesetzmässigen Aufeinanderfolge der Thätigkeit der einzelnen Herzabschnitte, zu einem weiteren und gewiss nicht leicht zu lösenden Problem geworden. Das Bedürfniss nach einer einfachen Erklärung des Herztypus hat gewiss viel dazu beigetragen, dass die Lehre von der führenden Rolle der Sinusganglien sich so vielfacher Anerkennung erfreut. Was war natürlicher, als anzunehmen, dass sich das Centrum in demjenigen Herztheile befinde, der in einer wohlgeordneten Herzperiode sich zuerst zusammenzieht? Aber schon Goltz machte darauf aufmerksam, dass der Angriffspunkt des Reizes mit eben so viel oder noch mehr Berechtigung in die Hohlvenen verlegt werden könnte, deren Pulsation noch früher eintreten, wie die des Sinus.

Ich halte es für zwecklos, mich hier in Hypothesen über die möglichen Ursachen des typischen Ablaufes der Herzbewegung zu ergehen. Ich glaube aber, dass diese Frage einer experimentellen Inangriffnahme fähig ist, und dass man zu ihrer Beantwortung der Annahme eines räumlich eng begrenzten Herzbewegungscentrums nicht bedarf.

4. Die Erstickung als Ursache der Periodik.

Ich kehre jetzt wieder zu der im periodisch-aussetzenden Rhythmus schlagenden Herzkammer zurück. Es ist nicht anzunehmen, dass, wenn den Kammerganglien Automatie zukommt, ihnen eine specifische Form der Automatie eigenthümlich sein sollte, eine Form, die neben der tonisch- und der rhythmisch-automatischen Thätigkeit als periodisch-aussetzende zu Recht bestände. Näher liegt die Annahme, dass die Bedingungen, unter denen man die Thätigkeit des isolirten Ventrikels beobachtet, zu jener merkwürdigen Form derselben führen; dass aber die normale Schlagweise der isolirten Kammer von der eines normalen unversehrten Herzens nicht wesentlich abweichen würde.

Es erhebt sich die Frage, auf welche Umstände die Umbildung des gewöhnlichen in den periodischen Rhythmus zurückzuführen sein möge.

Rossbach (76) hatte in weiterer Verfolgung der Luciani'schen Versuche gefunden, dass, während die mit centrifugirtem, also blutkörperchenfreiem Serum gefüllte Kammer die Gruppen zeigte, die mit sehr rothem Serum oder mit Blut gefüllte in normalem Rhythmus schlug. Unter Serumspeisung aufgetretene Gruppenbildung konnte durch blutiges Serum oder defibrinirtes Blut in regelmässige Pulsation übergeführt werden. Blieb das eingefüllte rothe Blut so lange im Herzen, bis es dunkel wurde, so trat wieder Gruppenbildung ein. Auch Kochsalzlösung von 0.6 % brachte die Gruppen zum Verschwinden, führte regelmässigen aber langsamen Rhythmus herbei.

O. Sokolow und B. Luchsinger (77) schlossen aus diesen Versuchen, dass die periodische Pulsation durch Erstickung verursacht werde. Rossbach hatte, an eine ähnliche Deutung denkend, sich an den Erfolgen der Salzwasserspeisung gestossen. Doch war denkbar, dass diese die Periodik erzeugenden Erstickungsproducte, die durch das rothe Blut auf chemischem Wege beseitigt werden, einfach durch Ausschwemmung fortschaffte. Auch konnte man sich vorstellen, dass die Salzwasserspeisung gar nicht die gewöhnliche Rhythmik wieder herstellte, sondern durch die Ausschwemmung noch vorhandener Nährstoffe selbst einer guten Periodik ihre Grundlagen entzog, eine noch tiefere Stufe der Thätigkeit herbeiführte, dass sie das Auftreten der „Krisis“ beschleunigte. Der sehr langsame Rhythmus des Kochsalzherzens schien sogar für diese Annahme zu sprechen.

Durch die von Luchsinger und Sokolow herbeigezogenen Beobachtungen an anderen rhythmischen Organen (Athmung, Lymphherz, Ureter u. s. w.), die bei der Erstickung ebenfalls der Periodik verfallen, wird die Annahme, dass Erstickung die Ursache der Gruppenbildung der Herzkammer sei, nicht wenig unterstützt.

Doch wäre noch an eine andere, von Rossbach ebenfalls berücksichtigte, Möglichkeit zu denken. Das Säugethierblut konnte eine specifische giftähnliche Wirkung auf das Froschherz ausgeübt haben. Sah doch Rossbach, dass mit Veratrin versetztes rothes Blut ebenso wie reines Serum, also gruppenbildend wirkte. Diese Annahme wird indessen durch unsere Versuche widerlegt, die den Nachweis führen, dass der mit Froschblut gefüllte abgeklemmte Ventrikel sich ganz ähnlich verhält, wie der mit farblosem Kaninchenserum oder mit stagnirendem Säugethierblut gespeiste, dass er ebenfalls den periodisch-aussetzenden Pulsationsmodus zeigt.

Dass auch in unserem Falle die Bedingungen zur Erstickung gegeben sind, bedürfte kaum einer besonderen Beweisführung. Der Inhalt des abgeklemmten Ventrikels wird, auch wenn an nicht curarisirten lebenden Fröschen experimentirt wird, schnell dunkel; die spärlichen Pulsationen vermögen einen genügenden Blutwechsel nicht herbeizuführen. Wie der Ventrikel, so zeigen auch andere Organe Erstickungssymptome. Am Centralnervensystem treten sie ziemlich frühe auf. Die Athmung kann schon vor dem Herzen der Gruppenbildung verfallen. Ein curarisirter oder ein getödteter Frosch ist an sich schon als ein erstickender anzusehen; denn sicherlich ist es nicht richtig, wenn man von der Hautathmung meint, dass sie die Lungenathmung zu ersetzen im Stande sei. Das Blut eines curarisirten Frosches wird trotz des trägen Stoffwechsels des Kaltblüters und trotz des aufgehobenen „chemischen Muskeltonus" (Pflüger) bei mittlerer Temperatur schnell dunkel. Schon vor mehreren Jahren hat Hermann auf diese, auch von mir oft beobachtete Thatsache hingewiesen. Der Ablauf der Erstickung des curarisirten oder des getödteten Frosches wird aber unzweifelhaft durch die der Ventrikelabklemmung folgende Circulationsstörung, durch die Blutstagnation in der Kammer, bedeutend beschleunigt.

Ersatz des dunklen Inhaltes der gruppenweis schlagenden Kammer durch hellrothes Blut, beseitigte auch bei meinen Praeparaten die Gruppen und führte rhythmisches Schlagen herbei.

a) Transfusion von Säugethierblut.

Ein Versuch, den ich mit Säugethierblut angestellt habe, gab mir ein zweifellos bejahendes Resultat. Die Injection des mit 2 Vol. Na Cl Lösung von 0·6 % verdünnten, frischen, defibrinirten Kaninchenblutes geschah von einem sehr niedrig stehenden Druckgefässe aus durch die Abdominalvene.

Der Ventrikel war um 11^h VM. abgeklemmt worden. 5$^1/_4$^{h} NM. war prächtige Periodik ausgebildet (Gruppen zu 9 Pulsen, Pausen von etwa 3 Minuten). Sogleich nach Beginn der Blutinfusion fing die Kammer an rhythmisch zu schlagen und fuhr lange Zeit mit diesen rhythmischen Pulsationen fort.

In einem anderen Falle gelang es allerdings nur, durch die Kaninchenblutinfusion die Gruppen zu verlängern, die Pausen zu verkürzen. Nach dem Abschluss der Injection wurden die Gruppen anfangs schnell, später langsam wieder kürzer, die Pausen länger.

Ich theile diesen immerhin interessanten Versuch hier mit:

XX. Versuch vom 9. Juli 1883.

Curarisirter Frosch. Ventrikel-Abklemmung 10^h 30′ VM. NM. nach 5^h periodischer Puls.

Pulszahl und Dauer der Gruppen.	Dauer der Pause.
12 Pulse in 41″	
	140″
12 „ „ 42″	
	140″
12 „ „ 42″	
Kaninchenblutinfusion (1 Blut auf 3 Vol. 0·7 % Kochsalzlösung.	
	51″
55 Pulse in 118″	
	74″
30 „ „ 60″	
	80″
26 „ „ 65″	
	89″
23 „ „ 61″	
	103″
22 „ „ 63″	
	124″
21 „ „ 69″	
	138″
20 „ „ 70″	
	146″
19 „ „ 73″	
	163″
19 „ „ 77″	
	178″
18 „ „ 74″	

u. s. w.

Die Einfüllung hellrothen Kaninchenblutes in den Ventrikel hat also in meinen wie in Rossbach's Versuchen die gruppenweise Schlagfolge in rhythmische verwandelt oder vermochte wenigstens die Gruppen zu verlängern und die Pausen zu verkürzen. Es fragt sich aber, ob man hierin nicht etwa eine Reizwirkung des Säugethierblutes zu erblicken habe. Dass Säugethierblut für das Froschherz keine blosse Ernährungsflüssigkeit ist, steht fest. War es auch möglich, die Gruppen des isolirten Ventrikels zu beseitigen, wenn man seinen Inhalt durch hellrothes Froschblut ersetzte?

Ein solcher Ersatz konnte in verschiedener Weise versucht werden.

Man konnte erstens hellrothes Froschblut, vom Faserstoff befreit, dem erstickten Versuchsfrosche infundiren; zweitens war zu versuchen, ob man nicht im Stande wäre, den dunklen Gefässinhalt des erstickten Thieres durch künstliche Athmung zu arterialisiren.

b) Künstliche Athmung.

Einige Versuche, die ich in letzterer Richtung angestellt habe, blieben ohne Ergebniss. Ich verfuhr zur Einleitung künstlicher Respiration nach einer neuen Methode, die sich auch für andere Zwecke als brauchbar erwiesen hat. Da die Einbindung einer Canüle in die kurze Trachea des Frosches ohne Nebenverletzungen, Gefässunterbindungen u. s. w. sich kaum ausführen lässt, so beschloss ich, die Canüle in einen Lungensack selbst einzuführen. Durch einen kleinen Schlitz in die seitliche Bauchwand wurde eine Lunge hervorgeholt, in einen Zipfel derselben eine dicke T-Canüle mit einem der paarigen Schenkel eingebunden. Der andere Schenkel stand mit einem sehr kleinen, eigens für diesen Zweck gearbeiteten Blasebalg in Verbindung; das unpaare Rohr blieb offen. Jeder Druck des Blasebalges fördert genügende Luftmengen in beide Lungen, in den Pausen sinken sie zusammen und entleeren ihren Inhalt durch den offenen Röhrenschenkel. Bei curarisirten Fröschen ist der Erfolg dieser Ventilation ein sehr schneller. Das tiefdunkle Blut des linken Vorhofes wird geschwind hellroth, und auch der Inhalt der Kammer beginnt bald sich zu röthen. Vor allzu energischer Blasebalgthätigkeit hat man sich zu hüten, da leicht Luft in die Lungengefässe und von da in's Herz eintritt.

Die abgeklemmte Kammer, deren Blut man auf diese Art arterialisiren will, muss man natürlich während der künstlichen Athmung zu einigen Contractionen anregen.

In einem meiner Fälle wurden längere Zeit hindurch durch schwache mechanische Reize, die in mässig schneller Folge wiederkehrten, Kammerpulsationen unterhalten.

Trotz aller Bemühungen, trotzdem einmal die künstliche Lüftung mehr als $1^1/_2$ Stunde lang fortgesetzt wurde, gelang es nicht, den periodischen Rhythmus wesentlich zu verändern oder gar zu beseitigen.

Ich führe als Beispiel einen meiner Versuche hier an:

XXI. Versuch.

Curarisirter Frosch. Ventrikel 1^h 15′ NM. des vorangehenden Tages abgeklemmt.

9^h 15′ VM. ist periodischer Puls vorhanden.

Dauer der Gruppe.	Zahl der Pulse.	Dauer der Pause.
9^h 18′	15	
„ 22′ 40″—23′ 45″	19	
„ 27′ 45″—29′ 5″	23	4′
9^h 37′ 35″—38′ 55″	23	

Canüle in eine Lunge eingebunden. Während des Einbindens eine Gruppe.

9^h 45′ 55″—46′ 50″	18 Pulse	
„ 50′ 55″—51′ 30″	13 „	4′ 5″

9^h 54′ Beginn der künstlichen Athmung.

„ 54′ 30″—50″ 8 Pulse (wahrscheinlich in Folge eines Reizes)

„ 56′ Gruppe von 15 Pulsen durch leichte Reizung der Herzspitze ausgelöst.

Der linke Vorhof ist geröthet; ebenso die linke Hälfte der Kammer.

„ 57′ durch Reizung	8 Pulse	
„ 58′ „ „	14 „	
10^h — „ „	3 „	

Weiter folgen spontan:

10^h 2′ 0″—35″	16 „	2′ 25″ Pause
„ 5′ 0″—55″	17 „	
„ 8′ 20″—9′ 12″	19 „	2′ 25″ „

Der Ventrikelinhalt bleibt auch während der Pausen roth.

10^h 12′ 20″—13′ 0″	14 Pulse	3′ 8″ Pause
„ 16′ 15″— 50″	15 „	3′ 15″ „
„ 17′ 30″ durch Reizung	8 „	
„ 18′ 30″ „ „	4 „	
„ 19′ 30″ „ „	6 „	
„ 20′ 30″ „ „	7 „	
„ 22′ 0″ „ „	3 „	
„ 23′ 0″ „ „	3 „	
„ 24′ 0″ „ „	2 „	
„ 24′ 30″ „ „	1 „	
„ 24′ 45″ „ „	2 „	
„ 25′ 15″ „ „	1 „	
„ 25′ 45″ „ „	1 „	
„ 26′ 0″ „ „	2 „	
„ 27′ 0″ „ „	1 „	

Weiter folgen spontan:

10^h 29′ 15″	6 Pulse	
„ 32′ 25″—55″	11 „	
„ 36′ 0″—30″	13 „	3′ 5″ Pause
„ 39′ 50″—40′ 25″	13 „	3′ 20″ „
„ 43′ 45″—44′ 30″	14 „	3′ 20″ „

Die von 9^h 54′ an durchgeführte künstliche Athmung wird jetzt ausgesetzt.

Beobachtungspause.

1^h 12′. Der Ventrikelinhalt ist wieder vollständig dunkel.

„ 15′ 5″—20″	6 Pulse
„ 18′ 10″—20″	3 „
„ 20′ 15″	3 „
„ 22′ 25″	4 „
„ 25′ 0″	6 „
„ 28′ 25″	3 „

u. s. w.

c) Transfusion von rothem Froschblut.

Einen entscheidenden Erfolg hatten im Gegensatz zu den Athmungsversuchen die von mir vorgenommenen Froschbluttransfusionen.

Mit sehr geringen Mengen arteriellen Blutes kommt man nicht aus. Einem kleinen periodisch pulsirenden Frosche spritzte ich gegen 2 ^{cm} defibrinirten hellrothen Froschblutes in die Abdominalvene — eine Blutmenge, die etwa der Hälfte des Gesammtblutes dieses Thieres entsprechen möchte. Der durch Reizung zu einigen Pulsationen veranlasste, mit schwarzem Inhalt gefüllte Ventrikel bekam alsbald eine rothe Färbung; aber nach wenigen Secunden schon war sie vergangen, und als sich nach einer gleich darauf erzeugten Pulsation die Kammer wieder füllte, erhielt sie wieder völlig dunkles Blut. So schnell war der eingeführte Sauerstoff aufgezehrt worden. Der Sauerstoffhunger der erstickten Gewebe ist eben ein sehr grosser.

Man muss diese Versuche also im grösseren Masstabe anstellen. Ich bin erst in letzter Zeit dazu gekommen, zwei solche Experimente auszuführen. Der eine Fall ist nicht ohne Bedenken zu verwerthen, weil ich das defibrinirte hellrothe Froschblut dem erstickten Frosche nicht in gewohnter Weise bei geringem constanten Drucke, sondern mittelst einer Spritze in das Venensystem injiciren musste. Die ausgebildete Periodik ging allerdings schnell in die gewöhnliche Schlagweise über; doch ist eine Wirkung der nicht ganz geringen Druckerhöhung im Herzen nicht ausgeschlossen. Ein zweiter Versuch dagegen, der denselben Erfolg hatte, scheint mir völlig einwurfsfrei.

XXII. Versuch vom 16. Mai 1884.

Getödteter Frosch (ohne Blutung).

9^h 55′ Abklemmung des Ventrikels.

Den 17. Mai 1884; VM. Untere Grenze der Periodik (Gruppen zu 2 Pulsen):

9^h 26′ 42″—48″	2	Pulse	
„ 28′ 22″—29″	2	„	
„ 30′ 0″— 6″	2	„	
„ 31′ 37″—44″	2	„	u. s. w.
10 58′ 30″	2	„	
11 0′ 12″—18″	2	„	
„ 1′ 45″	?	„	
„ 3′ 12″—19″	2	„	
„ 4′ 48″—55″	2	„	
„ 6′ 34″—40″	2	„	
„ 8′ 8″—16″	2	„	u. s. w.

Canüle in die Bauchvene eingebunden. Verbindung mit der reines defibrinirtes Froschblut enthaltenden Burette. Druckhöhe 10 ^{cm}. Eine Aorta durchschnitten. 11^h 12′ Beginn der Injection.

Der Ventrikel bleibt während der Dauer der Injection in Folge des durch die angeschnittene Aorta erleichterten Abflusses schlaffer als vorher.

Sehr bald nehmen die Pausen zwischen den kleinen Gruppen an Dauer ab; es treten einige längere Pulsgruppen auf. Nach kurzer Zeit hat sich ein langsamer von längeren Pausen nicht mehr unterbrochener Rhythmus hergestellt.

So werden Einzelpulse gezählt:

11^h 27′ 19″	11^h 35′ 30″
31″	35″
41″	43″
55″	50″
28′ 10″	59″
22″	36′ 6″
35″	13″
48″	20″
29′ 0″	28″
12″	35″
25″	43″
36″	51″
47″	59″
35′ 22″	37′ 5″ [1]

Nach Beendigung der letzten Zählung wird die Canüle entfernt. Da die Aorta offen bleibt, entleert sich das Herz stark und enthält nunmehr nur noch einen sehr geringen Inhalt.

11^h 42′ beginnt die graphische Aufzeichnung.

Der Ventrikel verfällt rasch wieder der Erstickung. 11^h 56′ zeichnet er einige aus 5—6 Pulsen bestehende Gruppen; bald werden nur noch kleine aus je zwei Pulsen zusammengesetzte Gruppen gezeichnet; die Pausen sind anfangs klein, später nehmen sie an Dauer zu:

12^h 1′ 22″	1 Puls.
1′ 55″	2 Pulse

[1] Der Rhythmus ist in diesem Stadium offenbar ein ganz regelmässiger. Die in der angeführten Zählungsreihe vorhandenen Unregelmässigkeiten sind durch die Unvollkommenheit der Zählung bedingt.

12h 2′ 37″	2 Pulse	
3′ 22″	2 „	
4′ 10″	2 „	
4′ 56″	2 „	
5′ 45″	2 „	
6′ 37″	2 „	u. s. w.
12h 22′ 59″—23′ 6′	2 „	
24′ 0″—6″	2 „	
25′ 2″—8″	2 „	
26′ 6″—12″	2 „	u. s. w.
12h 40′ 6″—12″	2 „	
41′ 24″—30″	2 „	
42′ 42″—48″	2 „	
44′ 3″—9″	2 „	

Der vor der Transfusion vorhanden gewesene Zustand hat sich also wieder hergestellt. Fig. 11, Taf. II illustrirt einzelne Stadien des transfundirten später erstickenden Ventrikels.

Wenn es also noch zweifelhaft bleiben konnte, ob Ersetzung des Inhaltes der erstickten Kammer durch normales rothes Blut die Gruppenbildung vernichtet und normalen Pulsrhythmus herbeiführt, so ist durch diesen Versuch der sichere Beweis dafür geliefert.

Der periodisch aussetzende Rhythmus ist somit eine Folge der Erstickung; der nicht erstickte, isolirte Ventrikel schlägt in gewöhnlichem Rhythmus.

Noch bleibt aber zu erklären, warum, wenn dem so ist, die oben angeführten künstlichen Athmungsversuche erfolglos blieben, obwohl sie den dunklen Kammerinhalt thatsächlich rötheten. Ich weiss dafür keine andere Deutung als folgende: Der Sauerstoffmangel erzeugt die Symptome der Erstickung dadurch, dass er die Ansammlung von Thätigkeitsproducten erlaubt, die normaler Weise durch Oxydation beseitigt werden. Diese überreichlichen Producte der Zellenthätigkeit stören und vernichten schliesslich deren Function. Dauert der Sauerstoffmangel lange an, so gehen diese Erstickungsproducte festere Verbindungen ein, die durch Oxydation nicht mehr weggeschafft werden können, deren Entfernung aber auf dem Wege der mechanischen Wegschwemmung noch möglich ist. Eine Restitution des erstickten Ventrikels durch alleinige Sauerstoffzufuhr ist deshalb nicht möglich; es bedarf einer Sauerstoff zuführenden, die Schädlichkeiten wegschwemmenden reichlichen *Strömung*. Der Strömung gegenüber kann die Sauerstoffzufuhr sogar nebensächlich werden.

Das lehren Versuche an anderen erstickenden Organen. So fand Dr. Max Lange (78) in seiner unter meiner Leitung gearbeiteten Dissertation, dass der periodisch aussetzende Athmungsrhythmus eines erstickenden Frosches durch Perfusion 0·6 procentiger Kochsalzlösung für eine freilich nur kurze Zeit regelmässig gemacht werden kann.

Ich hielt es für wichtig, am erstickenden Herzventrikel einen ähnlichen Versuch zu machen. Er gelang, wie der folgende Paragraph lehrt, vollkommen.

d) Speisung des periodisch aussetzenden Ventrikels mit Kochsalzlösung von 0·6 Procent.

Ich möchte dem hier mitzutheilenden Versuch noch die Bemerkung vorausschicken, dass ich nicht glaube, dass die indifferente Salzlösung einen Reiz auf den motorischen Herzapparat ausübt. Dass sie den Herzmuskel nicht reizt, habe ich oben dargethan; dass sie auch keinen Reiz für die Ganglien darstellt, scheint mir aus folgender Erfahrung hervorzugehen. Ein des Sinus beraubtes Herz ist für Reize, die seine Ganglien treffen, sehr empfindlich. Nun zeigten mir wiederholte Versuche, dass die Stannius'sche Ligatur um die Sinusvorhofsgrenze an einem vollständig von Blut befreiten mit 0.6procentiger Salzlösung gefüllten Herzen ganz ebenso gelingt, wie an einem bluthaltigen. Mir scheint aus diesem Versuche zu folgen, dass die Anwendung des Salzwassers für den vorliegenden Zweck unbedenklich ist.

Endlich sei noch erwähnt, dass bekanntlich schon Rossbach das serumgefüllte periodisch schlagende Herz durch Salzwasserspeisung zur Rhythmik zurückzuführen vermochte.

Versuch XXIII.

Unblutig getödteter Frosch. Genau 24 Stunden nach der Abklemmung der Kammer. Gruppen von je 2 Pulsen.

		Dauer der Pause.
9h 47′ 40″ VM.	2 Pulse	
49′ 20″—27″	2 „	95″
51′ 2″ . .	1 Puls	80″
52′ 22″—30″	2 Pulse	107″
54′ 17″—24″	2 „	101″
56′ 5″—13″ .	2 „	102″
57′ 55″—58′ 3″	2 „	98″
59′ 41″—48″	2 „	95″
10h 1′ 23″—31″	2 „	

u. s. w.

Enge Metallcanüle in die Bauchvene eingebunden. Dieselbe steht mit einer zu einer Mariotte'schen Flasche umgestalteten Bürette in Verbindung. Druckhöhe 9 cm. Füllung: Kochsalzlösung von 0·6 Procent.

Beginn der Transfusion: 10^h 9'. Gleich nach dem Beginne 2 Kammerpulse. Von da an steht der Ventrikel bis 10^h 21', also 12 Minuten still. Sein Inhalt hellt sich währenddem sichtlich auf. Die Vorhöfe schlagen kräftig. Abfluss gut. 10^h 21' wird der Ventrikel durch leichten Sondendruck gereizt; es folgen 2 Pulse. Von da an wieder Stillstand bis 10^h 28' 55". Von da an folgen selbständige Contractionen; zunächst in deutlichen Gruppen:

10^h 28' 55"
29' 5"
„ 29"
30' 10"
„ 15"
„ 20"
„ 25"
„ 33"

10^h 31' 3"
„ 10"
„ 37"
32' 0"
„ 8"
„ 12"
„ 23"
„ 33"
„ 42"
„ 48"
„ 52"
33' 3"
„ 11"

10^h 41' 17"
„ 23"
„ 38"

10^h 48' 26"
„ 33"
„ 38"
„ 44"
„ 46"
„ 55"

10^h 50' 30"

10^h 52' 28"
10^h 52' 31"
„ 37"

10^h 54' 10"
„ 44"
„ 50"

10^h 56' 12"

10^h 57' 8"
„ 40"
„ 45"

10^h 58' 35"
„ 40"

11^h 1' 38"
„ 45"
„ 52"
2' 0"

11^h 4' 5"

11^h 5' 4"
„ 8"
„ 16"

11^h 6' 7"
„ 40"

11^h 8' 2"

11^h 9' 29"
„ 35"
„ 43"

11^h 11' 0"

11^h 11' 53"
12' 20"

11^h 14' 22"
„ 30"
„ 35"
„ 44"

Pause in der Zählung. Während derselben dauert, wie zeitweilige Beobachtung lehrt, der Zustand, wie er war, fort. Der Herzinhalt ist immer noch stark röthlich. Bis 11h $33^1/_2{}'$ sind 20 Ccm Salzwasser abgeflossen.

Als die Zählung wieder aufgenommen wird, sind deutliche Gruppen nicht mehr vorhanden. Sie sind durch mässig frequente unregelmässig einander folgende Pulsationen ersetzt. Ab und zu zeigen dieselben auffallende Verlangsamungen. Die über 30″ betragenden Pausen sind in nachfolgender Zusammenstellung fett gedruckt:

Eintritt des Pulses.	Pause.	Eintritt des Pulses.	Pause.
11h 35′ 30″	12″	11h 44′ 22″	17″
„ 42″	4″	„ 39″	21″
„ 46″	22″	45′ 0″	10″
36′ 8″	4″	„ 10″	**31″**
„ 12″	**58″**	„ 41″	21″
37′ 10″	12″	46′ 2″	10″
„ 22″	5″	„ 12″	24″
„ 27″	13″	„ 36″	13″
„ 40″	18″	„ 49″	14″
„ 58″	4″	47′ 3″	15″
38′ 2″	26″	„ 18″	16″
„ 28″	2″	„ 34″	10″
„ 30″	20″	„ 44″	11″
„ 50″	16″	„ 55″	21″
39′ 6″	11″	48′ 16″	**27″**
„ 17″	17″	„ 43″	**34″**
„ 34″	19″	49′ 17″	18″
„ 53″	12″	„ 35″	17″
40′ 5″	19″	„ 52″	16″
„ 24″	28″	50′ 8″	17″
„ 52″	18″	„ 25″	16″
41′ 10″	12″	„ 41″	19″
„ 22″	14″	51′ 0″	15″
„ 36″	17″	„ 15″	13″
„ 53″	**47″**	„ 28″	17″
42′ 40″	15″	„ 45″	11″
„ 55″	18″	„ 56″	4″
43′ 13″	10″	52′ 0″	20″
„ 23″	25″	„ 20″	14″
„ 48″	12″	„ 34″	23″
44′ 0″	22″	„ 57″	3″

Eintritt des Pulses.	Pause.	Eintritt des Pulses.	Pause.
11h 53′ 0″	25″	11h 54′ 11″	13″
„ 25″	25″	„ 24″	16″
„ 50″	21″	„ 40	

u. s. w.

Beobachtungspause. Bis 11h 56″ sind im Ganzen 25·7 Ccm Salzwasser abgeflossen.

11h 56′ Vene central und peripher unterbunden. Das während der ganzen Versuchszeit gut doch nicht übermässig gefüllte Herz bleibt vorerst noch bei guter Füllung. Langsam nimmt weiterhin seine Prallheit ab.

Von 11h 59′ an werden die Kammerpulse mittelst des Fühlhebels aufgezeichnet. Daneben wird zunächst die Zählung mit der Uhr in der Hand fortgesetzt.

Eintritt des Pulses.	Pause.	Eintritt des Pulses.	Pause.
12h 5′ 30″	10″	12h 7′ 45″	**31″**
„ 40″	**50″**	8′ 16″	**36″**
6′ 30″	12″	„ 52″	8″
„ 42″	13″	9′ 0″	16″
„ 55″	18″	„ 16″	**31″**
7′ 13″	22″	„ 47″	15″
„ 35″	10″	10′ 2″	

Beobachtungspause.

12h 17′ 53″	17″	12h 23′ 37″	15″
18′ 10″	22″	„ 52″	14″
„ 32″	19″	24′ 6″	**47″**
„ 51″	16″	„ 53″	15″
19′ 7″	15″	25′ 8″	28″
„ 22″	15″	„ 36″	15″
„ 37″	15″	„ 51″	18″
„ 52″	13″	26′ 9″	15″
20′ 5″	16″	„ 24″	**38″**
„ 21″	18″	27′ 2″	**49″**
„ 39″	16″	„ 51″	**43″**
„ 55″	16″	28′ 34″	14″
21′ 11″	14″	„ 48″	20″
„ 25″	**65″**	29′ 8″	30″
22′ 30″	16″	„ 38″	14″
„ 46″	**39″**	„ 52″	20″
23′ 25″	12″	30′ 12″	16″

Eintritt des Pulses.	Pause.	Eintritt des Pulses.	Pause.
12h 30′ 28″	18″	21h 41′ 30″	17″
„ 46″	14″	„ 47″	**93″**
31′ 0″	15″	43′ 20″	**60″**
„ 15″	20″	44′ 20″	17″
„ 35″	**35″**	„ 37″	15″
32′ 10″	21″	„ 52″	20″
„ 31″	13″	45′ 12″	13″
„ 44″	21″	„ 25″	21″
33′ 5″	23″	„ 46″	27″
„ 28″	12″	46′ 13″	15″
„ 40″	15″	„ 28″	19″
„ 55″	25″	„ 47″	23″
34′ 20″	15″	47′ 10″	24″
„ 35″	14″	„ 34″	16″
„ 49″	**39″**	„ 50″	24″
35′ 28″	**32″**	48′ 14″	21″
36′ 0″	28″	„ 35″	17″
„ 28″	**97″**	„ 52″	22″
38′ 5″	**42″**	49′ 14″	14″
„ 47″	**38″**	„ 28″	29″
39′ 25″	16″	„ 57″	25″
„ 41″	21″	50′ 22″	**38″**
40′ 2″	20″	51′ 0″	29″
„ 22″	22″	„ 29″	19″
„ 44″	14″	„ 48″	24″
„ 58″	19″	52′ 12″	18″
41′ 17″	13″	„ 30″	

u. s. w.

Die Zählung wird abgebrochen, die Aufzeichnung fortgesetzt. Noch nach 6h NM. sind die Kammerpulsationen vorhanden. Die Frequenz derselben hat sich eher vermehrt als vermindert. Die schon vorher ab und zu regellos eintretenden Pulsverlangsamungen haben sich zu einem schön ausgebildeten und regelmässigen Frequenzwechsel entwickelt. An die Stelle des periodisch-aussetzenden Rhythmus ist der „periodisch an- und abschwellende Rhythmus“ getreten.

Fig. 12 Taf. II giebt ein deutliches Bild dieses Verhaltens. (Die Trommel rotirte langsam aber regelmässig.) Am nächsten Tage wird das Herz wieder gruppenweise schlagend angetroffen. Die Pausen sind von enormer Länge. Im Laufe des Vormittags kommt die Kammer ganz zur Ruhe. —

Aus diesem Experimente folgt, dass der periodisch aussetzende Rhythmus der abgeklemmten Herzkammer durch Ausspülung des Herzens mit einer indifferenten Flüssigkeit beseitigt werden kann; dass der Rhythmus der so durchspülten Kammer zunächst ein normaler oder nahezu normaler wird; daraus hinwiederum lässt sich die Folgerung ableiten, dass die periodisch-aussetzende Schlagweise auf Anhäufung von Erstickungsproducten zurückzuführen ist.

Ausser der Erstickung wirkt auf die abgeklemmte Kammer eine zweite Schädlichkeit ein, nämlich die in der Nähe der Ventrikelganglien vorgenommene Quetschung. Ich habe mir wiederholt die Frage vorgelegt, ob letztere nicht auch einen Theil der Schuld an dem Auftreten des abnormen Pulsrhythmus habe. Da durch die Transfusion von Blut, welche ja die Quetschung nicht beseitigt, der normale Pulsrhythmus wiederhergestellt wird, so fallen diese Bedenken fort. Es scheint mir aber auch jetzt noch nicht ohne Interesse, einige Beobachtungen mitzutheilen, welche darthun, dass auch das unverletzte erstickende Froschherz in vielen Fällen die Gruppenbildung zeigt.

e) Erstickung und periodisches Schlagen des ganzen Herzens.

Gelegentlich war mir schon gruppenweises Schlagen der Vorhöfe begegnet an Herzen, deren Ventrikel lange zuvor abgeklemmt worden waren. Ich sah ferner einige Male hohen Temperaturen ausgesetzte Herzen in periodisch aussetzenden Rhythmus verfallen. In beiden Fällen glaubte ich Grund zu haben, die Erstickung als Ursache anzusehen.

Neuerdings habe ich Hrn. Stud. Bongers veranlasst, einige systematische Erstickungsversuche an Fröschen vorzunehmen und auf die dabei eintretenden Veränderungen des Herzpulses zu achten. Es stellte sich nun heraus, dass das ganze unverletzte Herz eines erstickten Frosches in gewissen Stadien der Erstickung thatsächlich in periodisch aussetzendem Rhythmus pulsiren kann.

Die Versuche hat Hr. Bongers in der Weise angestellt, dass er curarisirte lebende Frösche in eine abgeschlossene nicht allzu kleine Wassermasse[1] brachte und die Herzen nach verschieden grossen Zeiten untersuchte. Bei einer Temperatur von 14 bis 15°C konnte nach 11 Stunden

---

[1] Meistens wurde Kochsalzlösung von 6 pro Mille benutzt, besonders in allen denjenigen Fällen, in denen das Herz zum Zwecke dauernder Beobachtung freigelegt worden war.

Gruppenbildung nachgewiesen werden; in einigen anderen Fällen war sie nach 16 bis 20 Stunden vorhanden.[1]

Der Gruppenbildung geht nicht selten ein Stadium voran, in welchem hohe Pulsfrequenzen mit anderen rhythmisch abwechseln; also ein Stadium periodischer Frequenzänderungen, ganz ähnlich dem „periodisch an- und abschwellenden Rhythmus", der oben beim Salzwasser-gespeisten Ventrikel beschrieben worden ist (cf. Anm.). Die Periode des langsamen Schlagens kann nicht auf centrale Vagusreizung bezogen werden, denn auch an Fröschen, deren Vagi durch Curare gelähmt war, trat die Erscheinung auf. Im Gruppenstadium kann sie noch weiterbestehen. Jede Gruppe zeigt dann ein in oder vor der Gruppenmitte gelegenes Feld beschleunigter Pulse. Die graphische Darstellung lässt das sehr schön hervortreten (vgl. Fig. 13, Taf. II). Die frequenten Pulse sind manchmal wieder zu kleinen bündelartigen Gruppen vereinigt.[2]

Pausen und Gruppen können von bedeutender Länge sein. Es wurden Gruppen beobachtet, die gegen eine Stunde andauerten und von der nächstfolgenden Gruppe durch Pausen von acht Minuten getrennt waren. Andere Male waren die Pausen weit länger. In späteren Erstickungszeiten sind die Gruppen klein, die Pausen gross.

Eine Beobachtung sei in extenso mitgetheilt:

XXIV. Versuch vom 21. April 1884.

R. esculenta curarisirt. In Salzwasser. Herz vorher freigelegt.
Beginn des Versuches $11^h\ 35'$ Vormittags.

	13 Pulse in 30″.	Temperatur 15° C.	
$12^h\ 35'$	12 „ „ „		
$1^h\ 40'$	12 „ „ „		

5^h Nachmittags ist periodische Pulsverlangsamung vorhanden. Die

[1] Curarisirte Frösche scheinen langsamer zu ersticken, wie unvergiftete. Offenbar ist das Fehlen der reichlich Sauerstoff verbrauchenden und Erstickungsproducte producirenden Muskelbewegungen die Ursache dieses Verhaltens.

Anmerkung. Eine ganz ähnliche Erscheinung sah ich kürzlich bei einer jungen narcotisirten und curarisirten Katze, deren Vagi durchschnitten waren. Den Blutdruck zeichnete ein Hg-Manometer auf. Der sehr ausgesprochene Frequenzwechsel zeigte sich einige Zeit nach Suspension der Athmung. Ihm waren die bekannten Traube'schen Wellen vorangegangen, ohne ihrerseits von Frequenzänderungen begleitet zu sein.

[2] Die letztere Erscheinung ist offenbar analog derjenigen, die man an den Gruppen des isolirten Ventrikels beobachtet (Luciani; vgl. auch S. 70 der vorliegenden Abhandlung und meine Fig. 8 Taf. II). Doch ist sie, wie die Abbildung zeigt, beim unverletzten erstickten Herzen weit schöner ausgebildet.

folgenden Zahlen geben die in je 30″ beobachtete Pulszahl an. Die Zählungen folgen einander ohne Unterbrechung:

. . . 5 — 6 — 5 — 5 — 5 — 6 — 6 — 11 — 11 — 11 — 10 — 10 — 11 — 6 — 5 — 8 — 10 — 10 — 5 — 9 — 11 — 11 — 11 — 10 — 5 — 6 . . .

Beobachtungspause.

. . . 11 — 10 — 10 — 10 — 11 — 9 — 5 — 10 — 12 — 11 — 10 — 10 — 8 — 5 — 5 — 4 . . .

10ʰ 30′ (13·5° C.) Gruppen unregelmässiger Länge.
(Abends)

Gruppe	Pause
10 Pulse in 1′	60″
60 „ „ 6′	60″
18 „	125″
30 „	60″
68 „	180″

Die Pulse sind in der Mitte der Gruppe frequenter, wie an beiden Enden. Der Frosch verbleibt in seinem Bade.

d. 22. April 1884.

10ʰ Vormittags. Gruppen von je 23—25 Pulsen, Pausen von 6 bis 6½′ Dauer.

12ʰ Frosch aus dem Bade genommen.

Kurz vor 1ʰ Nachmittags beginnt die Aufzeichnung (Geschwindigkeit der Trommel fast genau 1″ = 10 mm).

Zeitdauer einer Gruppe	Pulszahl einer Gruppe	Pausendauer
12ʰ 48′—51′ . .	30 Pulse	2½′
53′ 30″—1ʰ 6′	116 „	12′
1ʰ 18′—29′ .	114 „	13½′
42′ 30″—58′	171 „	7½′
2ʰ 5′ 30″	128 „	ca. 3½′

Von jetzt an verlängern sich die Gruppen sehr bedeutend, die Pausen sind unregelmässig.

5½ʰ sind noch lange Gruppen vorhanden, die Pausen dauern etwa 15 Minuten.

Fig. 13, Taf. II giebt die zu einem Theile dieses Versuches gehörenden graphischen Belege.

In bescheideneren Verhältnissen verlaufen die folgenden beiden Beobachtungen.

XXV. Versuch.

Nicht curarisirter Frosch ca. 16 Stunden nach der Ertränkung:

Dauer der Gruppe	Zahl der Pulse	Dauer der Pause
10^h 46′ 30″—49′	9 Pulse	
53′—11^h 4′ 30″	37 „	4′
11^h 8′ 30″—11′ 30″	13 „	4′
17′ 30″—20′	10 „	6′
34′ 30″—37′	10 „	14′

u. s. w.

XXVI. Versuch.

R. esculenta (unvergiftet).
Etwa 20 Stunden nach der Ertränkung.

Dauer der Gruppe.	Pulszahl.	Dauer der Pulse.
8^h 21′ 8″ bis 27′	21 Pulse	
35′ 30″—39′ 30″	16 „	8′ 30″
48′—54′	20 „	8′ 30″
59′ 30″—9^h 4′	14 „	5′ 30″
9^h 20′—21′ 30″	5 „	16′

Von da an wird kein weiterer Puls mehr beobachtet.

Den mitgetheilten Versuchen wäre noch hinzuzufügen, dass, wie directe Beobachtung und graphische Aufzeichnung ergeben, stets das ganze Herz an der Gruppenbildung theilnimmt. Der typische Ablauf jeder ganzen Herzperiode ist gegenüber der Norm nicht verändert.

Endlich darf ich nicht verschweigen, dass es uns in mehreren Fällen nicht geglückt ist, die Periodik der erstickenden Herzen nachzuweisen. In ihnen war nur eine langsame, bis zum Herztode zunehmende Pulsverlangsamung vorhanden. Am unverletzten Fischherzen tritt Erstickung sehr schnell ohne weitere Vornahmen nach der Tödtung des Thieres und Freilegung des Herzens ein. Hr. Prellwitz beobachtete an solchen Herzen prächtige Gruppenbildung, die bereits wenige Minuten nach der Freilegung entstehen, stundenlang andauern kann und sich noch durch besondere Eigenthümlichkeiten auszeichnet. Seine Dissertation wird nähere Angaben darüber enthalten.

---

5. Ueber periodisch-aussetzenden Rhythmus im Allgemeinen.

Im vorangehenden Abschnitte ist nachgewiesen, dass die periodische Schlagfolge des isolirten Ventrikels eine Folge der Erstickung ist.

An diese Erkenntniss schliesst sich die weitere Frage, wodurch die Erstickung diese eigenthümliche Schlagweise herbeiführt. Eine Beantwortung dieser Frage wäre sehr erleichtert, wenn es gelänge, im Allgemeinen diejenigen Bedingungen festzustellen, unter denen eine rhythmische in eine periodisch aussetzende Bewegungsform übergehen kann oder muss. Auf speculativem Wege hat dies so Mancher versucht; und ich selbst, der ich bereits früher mich an der Erörterung dieses Gegenstandes betheiligt habe (79), würde nicht wagen, ihn hier noch einmal zu behandeln, wenn ich nicht in der Lage wäre, ein neues Erklärungsprincip anzuführen und seine Zulässigkeit auf dem Wege des Experimentes zu beweisen.

Wer immer die Erklärung der periodisch aussetzenden Bewegung unternimmt, dem bieten sich zwei Standpunkte dar: entweder er nimmt an, dass die periodische Action durch einen periodischen Wechsel in den Leistungen oder in der Leistungsfähigkeit der die Bewegung bedingenden oder vermittelnden oder sonst zu ihrer Entstehung in Beziehung stehenden Apparate veranlasst sei; oder er setzt voraus, dass die Thätigkeit dieser Vorrichtungen auch bei der periodischen eine ähnlich stetige sei, wie bei der gewöhnlichen rhythmischen Bewegung.

Entschliesst man sich zu der ersten der beiden Annahmen, so sind zwei Möglichkeiten vorhanden: erstens kann man an periodische Impulse denken, also an eine intermittirende Ausladung der nervösen Reize; zweitens kann man sich vorstellen, dass die Bewegung einer periodischen Hemmung unterliegt.

Eine solche Hemmung würde man sich beim Herzen am einfachsten als durch intermittirende Vagusreizung zu Stande kommend vorstellen können. In der That hat man an eine solche gedacht (Luciani); doch hat sich gezeigt, dass man den N. vagus aus dem Spiele lassen muss. Denn wenn Luciani periodisch schlagende Herzen mit Atropin, das den N. vagus lähmt, vergiftete, blieb die gruppenweise Anordnung der Pulse bestehen. Ebenso war das Nicotin ohne Erfolg; ich kann diesem Gifte noch das nach meiner Erfahrung sehr prompt den Vagus lähmende Curare hinzufügen, das wenigstens eine centrale Vagusreizung ausschliesst. Einen periodisch wechselnden Einfluss anderweitiger Hemmungsvorrichtungen anzunehmen, stösst beim Herzen, wie bei anderen automatischen Apparaten, auf Bedenken; in dem Kreise unserer heutigen Begriffe von der Thätigkeit dieser Apparate sind derartige Vorstellungen schwer unterzubringen.

Luciani spricht bereits in seiner Abhandlung über die periodische

Function des isolirten Froschherzens davon, dass möglicherweise der Vorgang, welcher die Entstehung des Reizes begünstigt, eine mit der Zeit veränderliche Intensität erlange. In einer späteren Mittheilung über das Cheyne-Stokes'sche Phänomen (80) führt er diesen Gedanken weiter aus. Er hält es für unzweifelhaft, dass periodisch wechselnde Erregbarkeit des Centralapparates die Ursache der Gruppen und Pausen sei.[1] Sein Schüler Fano (81) hat sich auf Grund weiterer Beobachtungen dieser Anschauungsweise angeschlossen. Darnach hätten wir es also mit einer periodischen Ausladung der dem Herzmuskel zugeführten Reize zu thun. Dass diese Annahme die Erscheinungen erklären würde, unterliegt keinem Zweifel; andererseits aber ist sie doch eine so hypothetische, dass man nur dann zu ihr greifen dürfte, wenn jede Möglichkeit, mit Hülfe bekannter Factoren die Frage zu lösen, völlig erschöpft wäre. Vorstellbarer, wenn auch aus anderen Gründen unzulässig, ist die Hypothese Filehne's über die Ursache des periodischen Athmens, derzufolge die periodisch sich ändernde Weite der bulbären Blutgefässe zu einer periodisch veränderten Erregung des Athmungscentrums führen soll.

Entgegen diesen Deutungsweisen, die mittels periodischer Veränderungen in den thätigen Apparaten deren periodische Function erklären wollen, ist eine andere denkbar, die von einer Constanz der die Erregung oder deren Abfluss begünstigenden und der sie hemmenden Vorgänge ausgeht, die somit den Boden der gegenwärtig herrschenden Anschauungen über das Zustandekommen der rhythmischen Bewegung nicht verlässt.

Im Folgenden soll gezeigt werden, dass man mit dieser Anschauung auskommt.

Bekanntlich hat für die Erklärung der rhythmischen Bewegungen die von Rosenthal aufgestellte „Widerstandshypothese" gute Dienste geleistet. Dieselbe erklärt die Rhythmik „durch das Gegeneinanderwirken einer stetigen Erregung und eines gleichfalls stetigen Widerstandes, welcher sich der Abgleichung der Erregung entgegenstellt".

Bekannt ist auch das Schema, dessen sich Rosenthal zur Erläuterung seiner Hypothese bedient: eine stetig sich mit Wasser füllende Röhre, die durch eine gegen die Mündung federnde Platte geschlossen wird; erreicht das Wasser eine gewisse Höhe, so wird der Verschluss

[1] Luciani sagt: „Qui non può esser dubbio che la causa dell' alternarsi dei gruppi e delle pause, rimanendo invariate le condizione estrinseche, debba necessariamente essere intrinseca al cuore, e consistere nelle vicendo del lavorio nutritivo dei gangli, capaci di abbassare e alternativamente elevare l'eccitabilità dei medesimi."

geöffnet, das Wasser fliesst aus, die Feder schliesst wieder fest, die Röhre füllt sich wieder an u. s. f. Hermann (82) erinnert an ein durch Wasser geleitetes Gas, das intermittirend in Blasen aufsteigt, weil es den Widerstand der Cohäsion des Wassers zu überwinden hat.

Ich habe mir nun die Frage vorgelegt, ob nicht vielleicht auch die an verschiedenen Bewegungsapparaten zur Erscheinung kommende periodisch aussetzende Thätigkeitsform von dem Standpunkte der Widerstandshypothese aus erklärbar sei. Man könnte die gruppenweis sich anordnenden Bewegungen als „doppelt rhythmische" bezeichnen. Wir haben es bei ihnen mit zwei periodischen Vorgängen zu thun, einem Vorgang mit langer, einem anderen mit kurzer Periode. Eine lange Periode dauert von dem Beginne einer Bewegungsgruppe bis zum Beginne der nächsten, schliesst in sich eine Phase der Thätigkeit und eine Phase der Ruhe. Eine kleine Periode dauert von dem Beginne einer Systole oder einer Einathmung bis zum Beginne der nächstfolgenden. Denkt man sich die kleinen Perioden durch das Aufeinanderwirken eines stetigen Impulses und eines stetigen Widerstandes erzeugt, so kann man sich auch die grossen auf ähnliche Weise entstanden denken; ist der Widerstand bei jenen klein, so ist er bei diesen gross. Darnach schien die Einschaltung eines neuen grossen, permanent bleibenden, erst durch hohes Anwachsen des Reizes überwindlichen Widerstandes in den in gewöhnlichem Rhythmus arbeitenden Apparat ausreichend, um dessen „Rhythmik" in „Periodik" zu verwandeln. Es lässt sich nun thatsächlich am Schema nachweisen, dass diese Ueberlegung richtig ist. Am Schema vermag man, durch Einschaltung eines neuen, nicht leicht zu durchbrechenden Widerstandes eine rhythmische Bewegung in eine periodisch aussetzende zu verwandeln.

Ich bleibe bei dem von Hermann gewählten Gleichniss. In den unteren Luftraum eines gewöhnlichen Gasometers (*A*) (Fig. 5, Taf. I) fliesst aus dem oberen mit Wasser gefüllten Raume langsam das Wasser ab (Hahn *a*). Mit dem Hahne *b* des unteren Reservoirs ist durch einen Gummischlauch das tiefgehende Glasrohr *c* einer Woulf'schen Flasche (*B*) verbunden. Das über dem Wasserniveau dieser Flasche endende Glasrohr *c* mündet zunächst in's Freie. Das Wasser des Woulf'schen Gefässes steht 2—3 Ccm hoch. Die durch den Wasserzufluss aus dem Gasometer verdrängte Luft wird durch die Vorlage in einzelnen, je nach der Hahnstellung bei *a* schneller oder langsamer einander folgenden Blasen entweichen. Wir haben das Bild einer rhythmischen Thätigkeit auf Grund eines sich gleich bleibenden Zuflusses und eines stetigen, durch die Cohäsion des Wassers gegebenen Widerstandes.

Nunmehr wird das Wasser der Woulf'schen Flasche durch ein etwa gleich grosses Volumen Quecksilber ersetzt. Alsbald sieht man aus dem rhythmischen Blasensteigen ein periodisch aussetzendes Aufsteigen von Luftblasen sich entwickeln. Es erfolgt der Austritt einer Reihe von Luftblasen; dann entsteht eine oft lange währende Pause; dann folgt wieder ein Schub Blasen, wieder Pause u. s. f. Durch Herumprobiren findet man schnell die zur Erzeugung einer prägnanten Periodik nothwendige Stellung des Gasometerhahnes *a* heraus. Je höher das Quecksilber in der Flasche, desto weiter darf der Hahn offen sein. Oeffnet man bei deutlich vorhandenen Gruppen den Hahn *a* weiter, so drängen sich die Gruppen enger an einander, die Pausen werden kürzer; bei noch weiterer Oeffnung können die Pausen verschwinden, kann reguläre Rhythmik eintreten. Verengert man dagegen den Hahn, so wachsen die Pausen bedeutend an.

Ich habe dieses gruppenweise Blasensteigen auch graphisch dargestellt. Zu diesem Zwecke brachte ich mit der Röhre *d* durch einen Gummischlauch eine Marey'sche Zeichentrommel (*C*) in Verbindung. Der Schlauch hatte in der Nähe von *d* eine weite (in der Figur fortgelassene) Oeffnung, so dass die Luft frei entweichen honnte und nur kleine Componenten der beim Blasensteigen entwickelten Druckschwankungen sich auf den Schreibhebel übertrugen. So sind die Curven in Figg. 19 und 20 gewonnen. Sie ähneln, wie man sieht, täuschend den Zeichnungen, die periodisch aussetzende Athmungs- oder Herzbewegungen liefern. Sogar auf- und absteigende Treppen kann man an solchen Curven nicht selten wahrnehmen (Fig. 21). Zuweilen ist die Existenz derselben schon akustisch wahrzunehmen.

Die Erklärung der hier mitgetheilten Beobachtung liegt offenbar darin, dass zu dem früheren die regelmässige Rhythmik bedingenden, in der Cohäsion der Sperrflüssigkeit gegebenen Widerstand ein zweiter Widerstand in Gestalt des Hg-Druckes sich hinzugesellt hat. Die aus dem Gasometer strömende Luft hat zunächst eine Spannung zu gewinnen, die den Druck der sperrenden Hg-Säule zu überwinden vermag.[1] Die Zeit, innerhalb welcher diese allmähliche Sammlung hinreichender Spannung sich vollzieht, ist ausgedrückt durch die langen Pausen. Nun ist der genügende Druck vorhanden; die Luft beginnt durch das Quecksilber zu entweichen. Allein noch ist die Cohäsion dieser Flüssigkeit im Wege. Sie bewirkt, dass nicht die ganze angesammelte Luftmasse auf einmal in einem explosionsartigen Stosse entweicht, sondern dass sie sich in einzelne Luftblasen vertheilt. Dieses Entweichen geht so schnell vor sich, dass der während der Gruppe angesammelte Luftdruck nach Beendigung derselben noch keine nennens-

[1] Bei H_2O-Sperrung muss man annehmen, dass der Druck der kleinen Wassersäule gegenüber der Cohäsion des Wassers nicht in Betracht kommt.

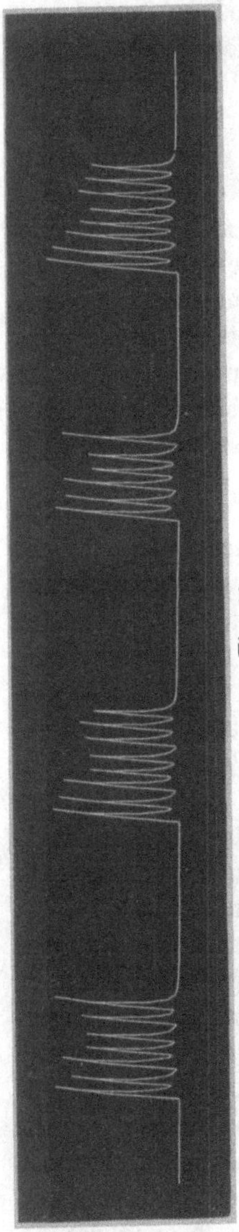

Fig. 19.
Hg-Höhe = 20 Mm.

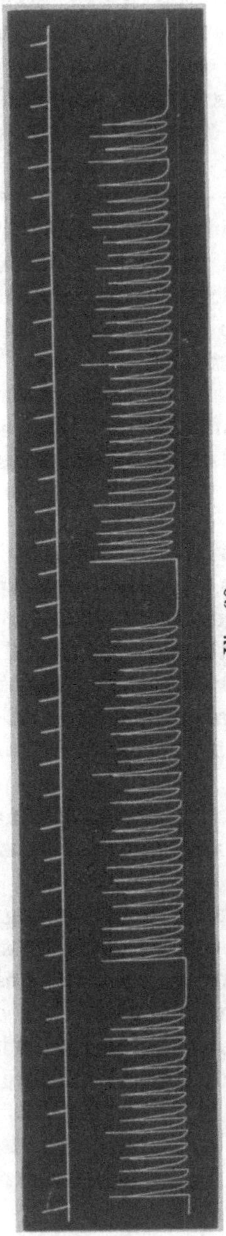

Fig. 20.
Vermehrter Druck. Uebergang zur gewöhnlichen Rhythmik.

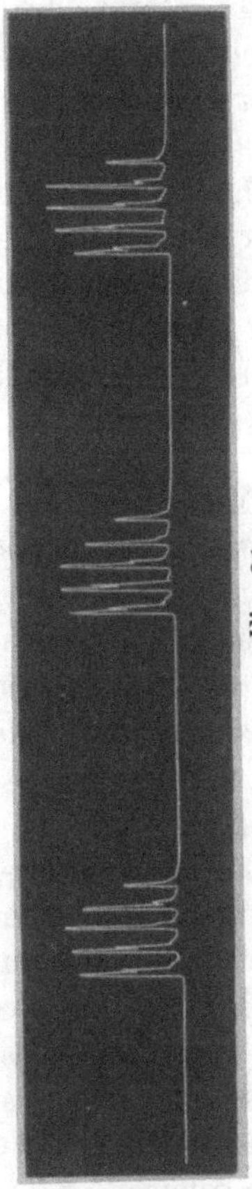

Fig. 21
Treppenform der Gruppen.

werthe Grösse erreicht hat. Erst nach längerer Pause hat er die dem Hg-Widerstande überlegene Grösse wieder erlangt. — So sehen wir aus dem Gegeneinanderwirken constant bleibender Impulse und stetig bleibender Widerstände ebensowohl die gewöhnliche, als die periodisch aussetzende Rhythmik hervorgehen. Diese gegen einander wirkenden Kräfte müssen in gewissem Verhältniss zu einander stehen; bei der Periodik muss der eine Widerstand kleiner sein, als der andere; dem stärkeren muss eine gewisse Stärke des Impulses entsprechen. Verringert sich bei gleichbleibendem Impulse dieser Widerstand auf ein Minimum, oder bleibt dieser Widerstand derselbe, während der Impuls stärker wird, so kann die periodisch aussetzende in die einfache rhythmische Action übergehen. Aus der Rhythmik hinwiederum kann die Periodik dadurch entstehen, dass entweder bei gleichbleibendem Impulse ein bereits vorhanden gewesener, aber zu vernachlässigender Widerstand zu bedeutender Höhe anwächst (bezw. ein neuer grosser Widerstand auftritt), oder dass bei gleichbleibenden Widerständen die Grösse des Impulses unter ein gewisses Maass sinkt.

Mit diesen Feststellungen scheint mir ein Erklärungsprincip für das Entstehen der periodisch aussetzenden rhythmischen Bewegung gewonnen zu sein, das bessere und allgemeinere Grundlagen besitzt, wie die meisten der bisher aufgestellten Hypothesen. Damit soll freilich nicht gesagt sein, dass, wo immer periodische Thätigkeit sich findet, sie stets nach der Widerstandshypothese gedeutet werden müsse. Auch nicht jede normal-rhythmische Bewegung ist unbedingt nach dem Rosenthal'schen Schema zu deuten.

Es lässt sich aber zeigen, dass man ohne allzu bedenkliche Hülfshypothesen bei einer Reihe von periodisch aussetzenden Rhythmen ganz wohl mit der genannten Hypothese auskommt. So lassen sich die bei der Erstickung an verschiedenen rhythmischen Organen auftretenden Gruppen ganz wohl durch das Auftreten eines neuen grossen Widerstandes erklären, der seinen Grund haben kann entweder in einer Schwächung der Erregbarkeit der betreffenden Bewegungsorgane, vor denen der Reizimpuls sich bis zu genügender Kräftigung anstaut, oder in anderweitigen, etwa durch die Erstickungsprodukte hervorgebrachten Veränderungen der Bahnen, welche die Erregung zu durchlaufen hat. Hierher gehören die Athmungsgruppen erstickender Frösche, hierher die Pulsgruppen des erstickenden Herzens.

Etwas anders liegen die Dinge bei gewissen anderen Formen der periodischen Athmung.

Mosso (83) hat gezeigt, dass winterschlafende Säugethiere periodisch athmen können. Hr. Stud. med. Bongers hat diese interessante Thatsache im Königsberger physiologischen Institute während des vergangenen Winters weiter untersucht und darüber in diesem Archiv berichtet. Wahrscheinlich handelt es sich hierbei um die zweite der oben angedeuteten Möglichkeiten, nämlich um ein Sinken des Impulses bei gleichbleibenden Widerständen. Wie alle Stoffwechselprocesse, so sind beim Winterschläfer auch die zur Bildung der inneren Athemreize führenden Dissociationsvorgänge bedeutend herabgesetzt. Ein in den Weg der Erregung eingeschalteter Widerstand, der unter normalen Bedingungen ohne Anstoss überwunden wird, ist für den bedeutend abgeschwächten Impuls ein mächtiges Hinderniss, das nur in grossen Abständen periodisch besiegt werden kann. Vielleicht haben auch die von Filehne beobachteten Athmungsgruppen in tiefer Narkose einen ähnlichen Ursprung.

Ich selbst habe gelegentlich Beobachtungen gemacht, die mir schon vor mehreren Jahren als denkbar erscheinen liessen, dass Vermehrung der Widerstände die rhythmische in die periodisch aussetzende Bewegungsform umzuwandeln vermöge (84). So sah ich schöne Athmungsgruppen bei einem narkotisirten Kaninchen auftreten, dessen nasale Trigeminusendigungen mit starken chemischen Reizmitteln behandelt wurden. Auch die bei Basilarmeningitis beobachteten Cheyne-Stokes'schen Gruppen sind vielleicht durch Druck des Exsudates auf die athmungshemmenden Vorrichtungen des verlängerten Markes, also auf vermehrte Widerstände zu beziehen, die sich dem Ablauf des Athmungsimpulses entgegenstemmen, und ähnlich sind wahrscheinlich die Athmungsgruppen zu deuten, die Leyden (85) bei Hirndruck auftreten sah.

Kehren wir zur periodisch schlagenden Herzkammer des Frosches zurück.

Die normale Rhythmik des Herzens kann entweder in den rhythmischen Eigenschaften des Herzmuskels oder in denen der Herzganglien ihren Grund haben. Im ersten Falle sind die von den Ganglienzellen dem Muskel übermittelten Reize stetige und werden wie andere Dauerreize vom Herzmuskel mit rhythmischer Action beantwortet. Im zweiten Falle ist der aus der chemischen Thätigkeit der Ganglienzellen entstehende innere Reiz zwar auch ein stetig auf die Ganglienzellen wirkender; die Erregung trifft aber auf ihrem Wege zum Muskel, etwa in den Centralapparaten selbst, auf Widerstände, die eine unterbrochene Abgleichung bedingen. So hat v. Bezold (86) den Herzrhythmus aufgefasst.

In beiden Fällen lässt sich die Entstehung des periodisch aussetzenden Rhythmus begreifen, wenn man das Auftreten eines neuen grossen sich dem Abfliessen der Erregung in den Weg stellenden Widerstandes annimmt. Ist der Herzmuskel der Sitz des Rhythmus, so gelangen dann zu ihm von den Centralorganen her grosse, nach zeitweiliger Anstauung vor dem angenommenen Widerstande sich entladende Impulse, die sich nicht momentan, sondern langsam abgleichen, den Herzmuskel also für gewisse, von einander durch Pausen getrennte Perioden thätig machen. Jeder dieser Reizschübe wird vom Herzmuskel mit einer entsprechenden Reihe von Pulsationen beantwortet.

Liegt, was mir wahrscheinlicher scheint, die Quelle der Rhythmik in den Centren, so haben wir uns bei der Periodik den neuen Widerstand vor demjenigen liegend zu denken, den die Rosenthal-Bezold'sche Hypothese für die Entstehung der Rhythmik in Anspruch nimmt.

Welcher Art der Widerstand sein mag, der bei der Erstickung auftreten soll, in welchem Theile des Herzens er seinen Sitz haben mag, darüber enthalte ich mich jeder Hypothese.

Litteratur.

1) Aubert, Ueber die Irritabilität und Rhythmicität des nervenhaltigen und nervenlosen Froschherzens. Pflüger's *Archiv* u. s. w. Bd. XXIV. S. 357.

2) Goltz, Vagus und Herz. Virchow's *Archiv für pathologische Anatomie* u. s. w. 1863. Bd. XXVI.

3) Bernstein, Ueber den Sitz der automatischen Erregung im Froschherzen. *Centralblatt für die medicinischen Wissesschaften.* 1876. S. 385.

4) Klemensiewicz, Ueber den Einfluss der Athembewegungen auf die Form der Pulscurven beim Menschen. *Sitzungsberichte der kaiserlichen Akademie der Wissenschaften zu Wien.* 1876.. Bd. LXXIV. III. Abth. Dec.-Heft. S. 9.

5) Bowditch, Does the apex of the heart contract automatically? *Journal of physiologie.* Vol. I. S. 104.

6) Aubert, a. a. O.

7) Gaskell, On the tonicity of the heart and bloodvessels. *Journal of physiologie.* Vol. III.

8) J. M. Ludwig und Luchsinger, Zur Physiologie des Herzens. Pflüger's *Archiv* u. s. w.

9) Gaskell, a. a. O. S. 4 u. 5.

10) Loewit, Beiträge zur Kenntniss der Innervation des Herzens. II. Mitth. Pflüger's *Archiv* u. s. w. Bd. XXV. S. 424.

11) Marchand, Versuche über das Verhalten von Nervencentren gegen äussere Reize. Pflüger's *Archiv* u. s. w. 1878. Bd. XVIII. S. 513.

12) Langendorff, Ueber rhythmische Thätigkeit der Herzspitze. *Breslauer ärztliche Zeitschrift.* 1883. 14. April.

13) Kühne, Ueber directe und indirecte Muskelreizung mittelst chemischer Agentien. *Myologische Untersuchungen.* Leipzig 1860.

14) Hering, Beiträge zur allgemeinen Nerven- und Muskelphysiologie. 1. Mitth. Ueber directe Muskelreizung durch den Muskelstrom. *Wiener akademische Sitzungsberichte.* 1877. Bd. LXXXIX. III. Abth. Januar-Heft.

15) Bowditch, Ueber die Eigenthümlichkeiten der Reizbarkeit, welche die Muskelfasern des Herzens zeigen. *Berichte der königlich sächsischen Gesellschaft der Wissenschaften.* Math.-phys. Cl. 1871. S. 682.

16) Schtschepotjew, Selbständige Contraction der Herzspitze. Pflüger's *Archiv* u. s. w. Bd. XIX. S. 53.

17) v. Basch, Ueber die Summation von Reizen durch das Herz. *Wiener akademische Sitzungsberichte.* 1879. Bd. LXXIX. S. 72.

18) Loewit, Beiträge zur Kenntniss der Innervation des Herzens. II. Mitth. Pflüger's *Archiv* u. s. w. Bd. XXV. S. 447.

19) Ringer und Morshead, On the relative paralysing action of atropia and pilocarpine on the heart. *Journal of physiologie.* 1879. Vol. III. p. 235 ff. Citirt nach Loewit a. a. O.

20) Schmiedeberg, Ueber die Digitalinwirkung am Herzmuskel des Frosches. *Beiträge zur Anatomie und Physiologie.* Festgabe an C. Ludwig. Leipzig 1874. S. 222.

Derselbe, Beiträge zur Kenntniss der pharmacologischen Gruppe des Digatalins. *Archiv für experimentelle Pathologie und Pharmacologie.* 1883. Bd. XVI. S. 167.

Derselbe, *Grundriss der Arzneimittellehre.* Leipzig 1883. S. 81.

21) Kronecker, *Bericht über die wissenschaftlichen Apparate auf der Londoner internationalen Ausstellung im Jahre 1876* u. s. w. Braunschweig 1878. S. 608.

22) Engelmann, Ueber die Leitung der Erregung im Herzmuskel. Pflüger's *Archiv* u. s. w. 1875. Bd. XI. S. 465.

23) Aubert, *Grundzüge der physiologischen Optik.* Leipzig 1876. S. 494.

24) Ludwig und Luchsinger, a. a. O. S. 244.

25) v. Basch, a. a. O. S. 69.

26) Kronecker, Das charakteristische Merkmal der Herzmuskelbewegung. *Beiträge zur Anatomie und Physiologie.* Festgabe an C. Ludwig. 1875. S. 179.

27) Cyon, Ueber den Einfluss der Temperaturänderungen auf Zahl, Dauer und Stärke der Herzschläge. *Bericht der sächsischen Akademie der Wissenschaften.* Math.-phys. Cl. 1866. S. 256.

28) Langendorff, a. a. O.

29) Rossbach, Ueber die Wirkung directer Herzmuskelreizungen. Pflüger's *Archiv* u. s. w. Bd. XXII. S. 184.

30) Schiff, Der Modus der Herzbewegung. *Archiv für physiologische Heilkunde.* 1850. IX. Jahrgang.

31) Bowditch, *Berichte der sächsischen Akademie.* 1871. S. 682.

32) Merunowicz, Ueber die chemischen Bedingungen für die Entstehung des Herzschlages. *Berichte der sächsischen Akademie.* 1875. S. 252.

33) Bernstein, a. a. O. S. 387.

34) J. M. Ludwig und Luchsinger, a. a. O. S. 246.

35) Aubert, Pflüger's *Archiv* u. s. w. Bd. XXIV. S. 368.

36) Gaskell, a. a. O.

37) Loewit, Pflüger's *Archiv* u. s. w. Bd. XXV. S. 446.

38) Gaule, Die Leistungen des entbluteten Froschherzens. *Dies Archiv.* Phys. Abthlg. 1878. S. 291.

39) Stiénon, Die Betheiligung der einzelnen Stoffe des Serums an der Erzeugung des Herzschlages. *Dies Archiv.* Phys. Abthlg. 1878. S. 263.

40) Biedermann, Ueber rhythmische durch chemische Reizung bedingte Contractionen quergestreifter Muskeln. *Wiener akademische Sitzungsberichte.* 1880. Bd. LXXXII. III. Abth.

41) Joh. Müller, *Handbuch der Physiologie des Menschen.* Coblenz 1840. Bd. II. S. 66.

42) Burkart, Studien über die automatische Thätigkeit des Athemcentrums u. s. w. Pflüger's *Archiv* u. s. w. 1878. Bd. XVI. S. 433.

43) Rosenthal, *Bemerkungen über die Thätigkeit der automatischen Nervencentra* u. s. w. Erlangen 1875.

44) Aubert, Hermann's *Handbuch der Physiologie.* Bd. IV. 1. S. 370.

45) Heidenhain, Disquisitiones de nervis organisque centralibus cordis etc. Berol. 1854. p. 47.

46) Biedermann, a. a. O.

47) Loewit, Pflüger's *Archiv* u. s. w. Bd. XXV. S. 435.

48) Conrad, Essai sur l'alcalinité du sang etc. Paris 1878. Citirt nach Rollet in Hermann's *Handbuch der Physiologie.* Bd. IV, 1. S. 128.

49) Zuntz, Beiträge zur Physiologie des Blutes. Bonn 1868. Citirt nach Gscheidlen, *Physiologische Methodik.* S. 236.

50) Kühne, Ueber das Verhalten des Muskels zum Nerven. *Untersuchungen aus dem physiologischen Institute der Universität Heidelberg.* 1879. Bd. III. Heft 1. S. 15.

51) Engelmann, Der Bulbus aortae des Froschherzens. Pflüger's *Archiv* u. s. w. Bd. XXIX. S. 425.

52) Schenk, citirt von Preyer, *Specielle Physiologie des Embryo.* Leipzig 1883. S. 28.

53) Biedermann, Beiträge zur allgemeinen Nerven- und Muskel-Physiologie. 14. Mittheilung. Ueber das Herz von Helix pomatia. *Wiener akademische Sitzungsberichte.* 1884. Bd. LXXXIX. III. Abth. Januar-Heft.

54) Foster, Ueber einen besonderen Fall von Hemmungswirkung. Pflüger's *Archiv* u. s. w. Bd. V. S. 191.

55) Dogiel, Anatomie und Physiologie des Herzens der Larve von Corethra plumicornis. *Mémoire de l'académie imp. de St. Pétersbourg.* Bd. XXIV. Nr. 10. Citirt nach Hofmann-Schwalbe's *Jahresbericht.* 1877. Bd. II. S. 48.

56) Gaskell, On the innervation of the heart, with especial reference to the heart of the tortoise. *Journal of physiology.* 1883. Vol. IV.

57) Goltz, Ueber die Bedeutung der sogenannten automatischen Bewegungen des ausgeschnittenen Froschherzens. Virchow's *Archiv* u. s. w. 1861. Bd. XXI. S. 191.

58) Rosenthal, a. a. O. S. 24 ff.

59) Bernstein, a. a. O. S. 435.

60) Luciani, Eine periodische Function des isolirten Froschherzens. *Bericht der sächsischen Academie.* Math.-phys. Cl. 1873. S. 11.

61) Hofmann, Ueber die Reaction des Fettes u. s. w. *Beiträge zur Anatomie und Physiologie.* Festgabe an C. Ludwig. 1874. S. 134.

62) Gaskell, On the rhythm of the heart of the frog etc. *Philosoph. Transactions of the Royal Society.* 1882. Part. III. p. 999.

63) Eckhard, *Experimental-Physiologie des Nervensystems.* Giessen 1867. S. 222 ff.

64) Bidder, Ueber functionell verschiedene räumlich getrennte Nervencentren im Froschherzen. *Dies Archiv.* 1852.

65) Stannius, Zwei Reihen physiologischer Versuche. *Dies Archiv.* 1852.

66) Heidenhain, a. a. O.

Derselbe, Erörterungen über die Bewegungen des Froschherzens. *Dies Archiv.* 1858. S. 479.

67) v. Wittich, Ueber die Abhängigkeit der rhythmischen Bewegungen des Herzens von den Herzganglien. *Königsberger medicinische Jahrbücher.*

68) H. Munk, *Tageblatt der Versammlung deutscher Naturforscher und Arzte zu Speyer.* 1861. S. 46.

69) Rosenthal, a. a. O. S. 22.

70) Steiner, Zur Innervation des Froschherzens. *Dies Archiv.* 1874. S. 474.

71) Ludwig, *Lehrbuch der Physiologie des Menschen.* Leipzig und Heidelberg 1861. Bd. II. S. 95.

72) **Nawrocki**, Der Stannius'sche Herzversuch u. s. w. **Heidenhain's** *Studien des physiologischen Institutes zu Breslau.* 1861. 1. Heft. S. 110.

73) v. **Bezold**, Zur Physiologie der Herzbewegungen. **Virchow's** *Archiv* u. s. w. S. 291.

74) **Lauder Brunton** and **Cash**, On the explanation of Stannius' experiment etc. *Bartholom. Hospit. Reports.* XVI. p. 229.

75) **Ranvier**, *Leçons d'anatomie générale* etc. Paris 1880. p. 169.

76) **Rossbach**, Ueber die Umwandlung der periodisch aussetzenden Schlagfolge des isolirten Froschherzens in die rhythmische. *Berichte der sächsischen Akademie.* Math.-phys. Cl. 1874. S. 193.

77) O. **Sokolow** und **Luchsinger**, Zur Lehre vom **Cheyne-Stokes**'schen Phaenomen. **Pflüger's** *Archiv* u. s. w. 1880. Bd. XXIII. S. 283.

78) M. **Lange**, Die Athmung des Frosches in ihrer Beziehung zu den Ernährungsverhältnissen der Medulla oblongata. *Dissertation.* Königsberg 1882.

79) **Langendorff**, Studien über die Innervation der Athembewegungen. III. Mitth. Ueber periodische Athmung bei Fröschen. IV. Mitth. Periodische Athmung nach Muscarin- und Digitalinvergiftung. *Dies Archiv.* Phys. Abthlg. 1881. S. 241 u. 331.

80) **Luciani**, Del fenomeno di **Cheyne** e **Stokes** u. s. w. Firenze 1879. p. 30.

81) **Fano**, Sulla respirazione periodica e sulla causa del ritmo respiratorio etc. *Giornale med. Lo Sperimentale.* 1883. Fasc. VI e VII.

82) **Hermann**, *Grundriss der Physiologie.* 1872. 4. Aufl. S. 431.

83) **Mosso**, Ueber die gegenwärtigen Beziehungen der Bauch- und Brustathmung. *Dies Archiv.* Phys. Abthlg. 1878. S. 451.

84) **Langendorff**, *Dies Archiv.* Phys. Abthlg. 1881. S. 331.

85) **Leyden**, Beitrag und Untersuchung zur Physiologie und Pathologie des Gehirns. **Virchow's** *Archiv.* Bd. XXXVII. S. 554.

86) v. **Bezold**, *Untersuchungen über die Innervation des Herzens.* Leipzig 1863. S. 305.

Erklärung der Tafeln.

Fig. 1. Der Zughebel. Beschreibung im Texte. (S. 3.)

Fig. 2. Das Stativ mit Zughebel, Signalmagnet und Zeit markirender Zeichentrommel. (S. 4.)

Fig. 3. Das „Lager" zur Aufnahme des Frosches bei thermischen Versuchen. (S. 4.)

Fig. 4. Die Doppelbürette für Transfusionsversuche. (S. 50.)

Fig. 5. Einrichtung zur Anstellung des Versuches über Verwandlung der gewöhnlich-rhythmischen Bewegung in periodisch-aussetzende (S. 123.)

Fig. 6. Abgeklemmter Ventrikel kurze Zeit nach der Operation. Fühlhebel. Volumcurven. Die kleinen Zacken entsprechen den Vorhofspulsen, die grossen Ausschläge nach unten den Kammercontractionen. (S. 61.)

Fig. 7. Gruppenweises Schlagen des abgeklemmten Ventrikels. (Zu Vers. II, S. 63.)

Fig. 8. Gruppenweises Schlagen des abgeklemmten Ventrikels. Frequenzänderungen innerhalb jeder Gruppe. (Zu Vers. IV, S. 65.)

Fig. 9. Gruppenweise schlagender abgeklemmter Ventrikel bei Muscarinvergiftung. Stillstand der Vorhöfe. (Vers. XI, S. 79.)

Fig. 10. Periodisch aussetzender Rhythmus eines $33^1/_2$ Stunden zuvor in der Sinusvorhofsgrenze abgeklemmten Herzens. (Vers. XIV, S. 93.)

Fig. 11. Der mit rothem Froschblut transfundirte, anfangs rhythmisch schlagende, später wieder erstickende und Gruppenbildung zeigende Ventrikel. (Vers. XXII, S. 109.)

Fig. 12. An- und abschwellender Rhythmus des mit 0·6 procentiger Kochsalzlösung transfundirten, vorher periodisch schlagenden Ventrikels. (Vers. XXIII, S. 112.)

Fig. 13. Gruppenbildung des unverletzten erstickten Herzens. Frequenzänderungen innerhalb der einzelnen Gruppen. (Vers. XXIV, S. 118.)

NB. Die chronoskopische Linie markirt in allen Fällen Doppelsecunden.

Fig. 7 und 8 sind von rechts nach links, die übrigen von links nach rechts zu lesen.

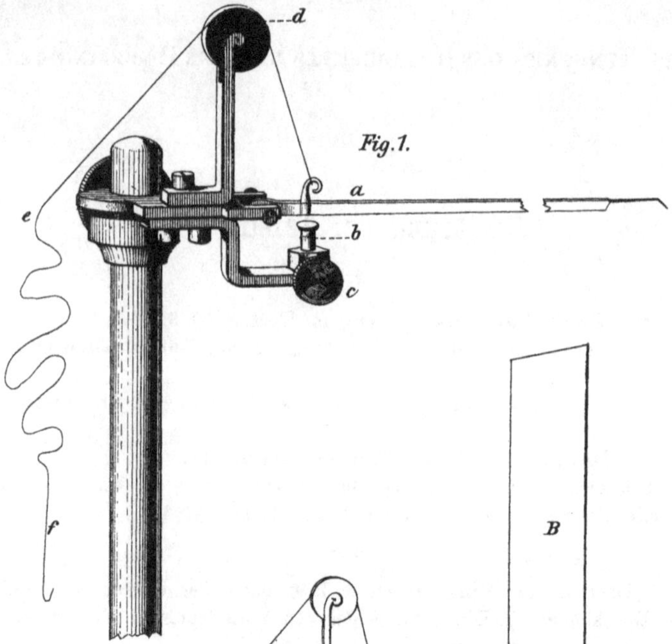

Fig. 1.

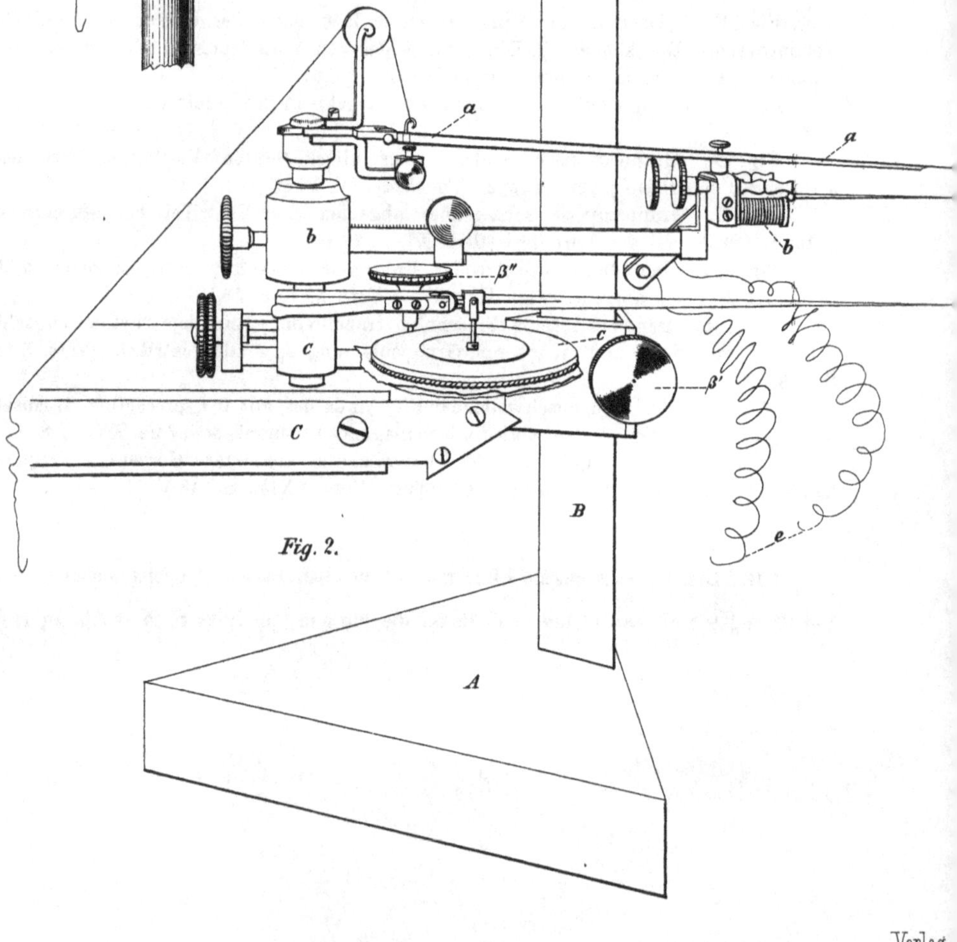

Fig. 2.

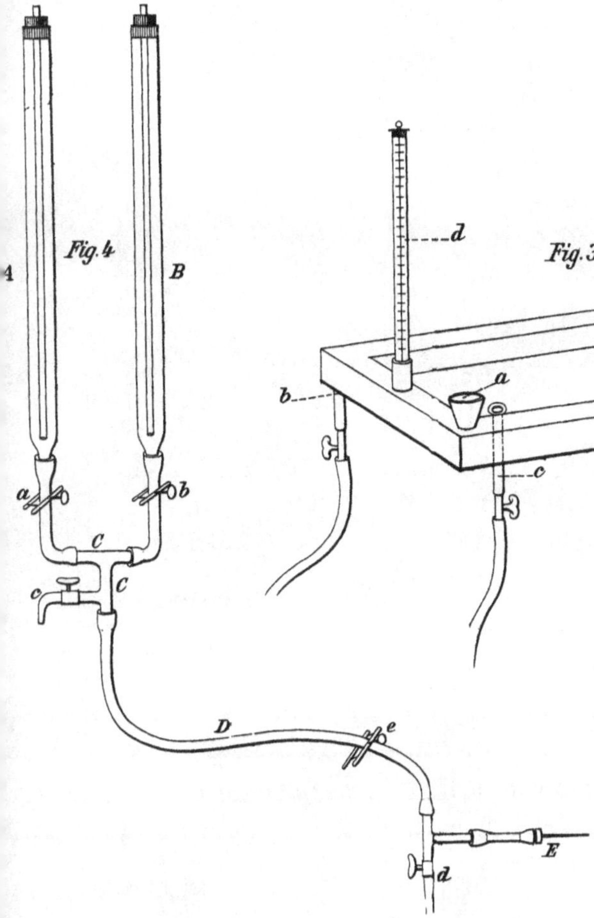

Fig. 4

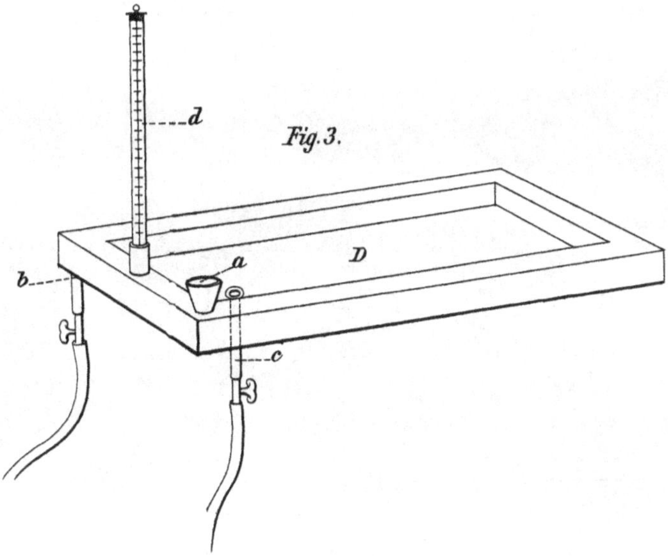

Fig. 3.

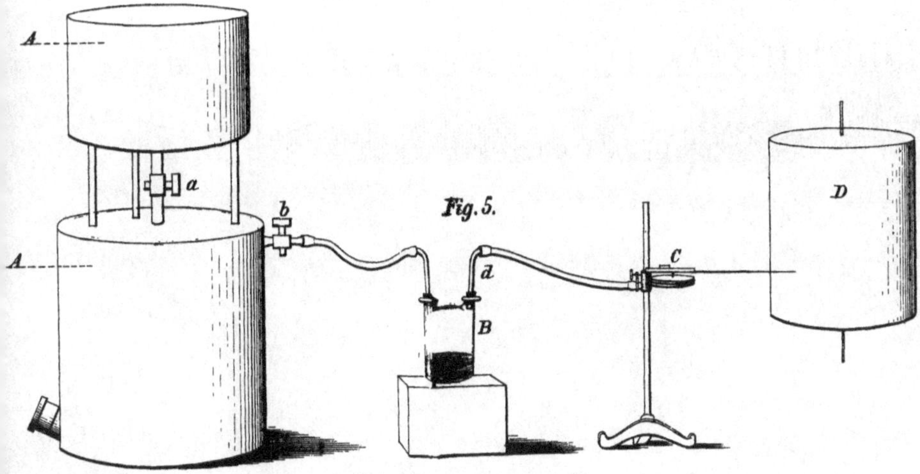

Fig. 5.

Lith. Anst v E A. Funke, Leipzig

ıp. Leipzig

Fig. 6.

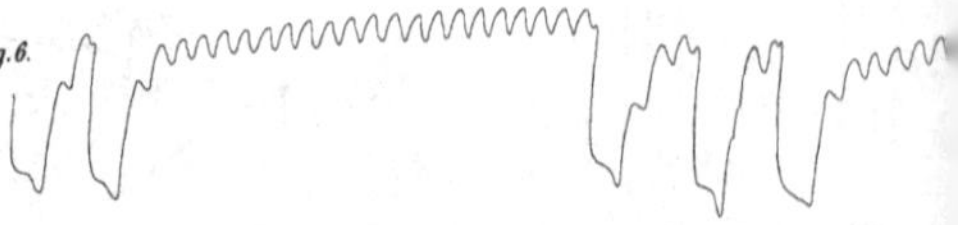

Fig. 7.

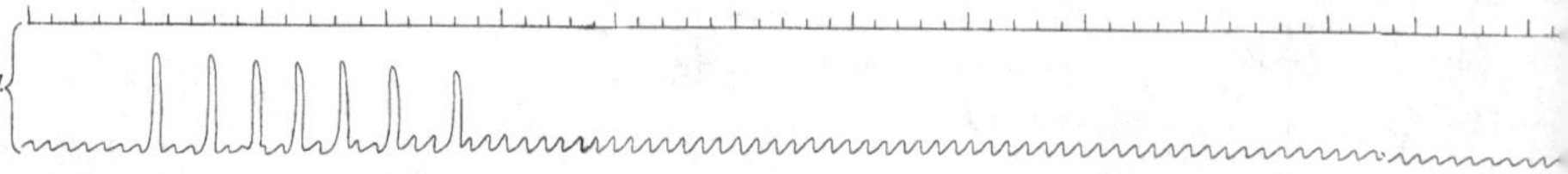

Fig. 8.

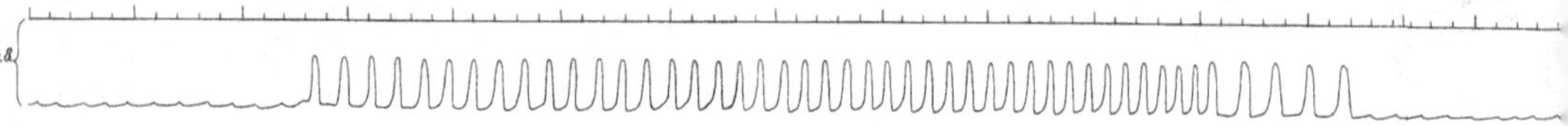

Fig. 9.

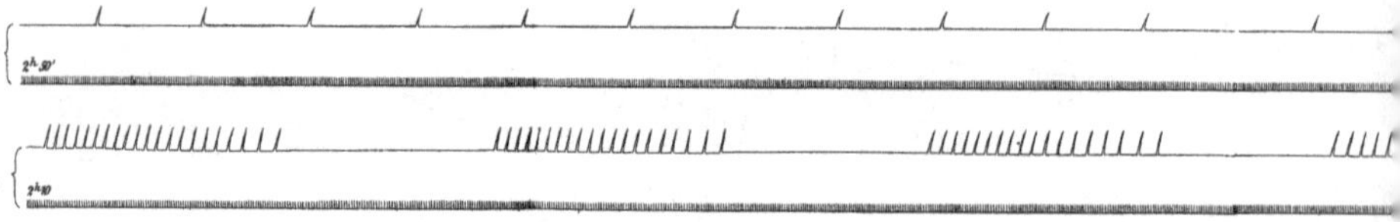

Fig. 10.

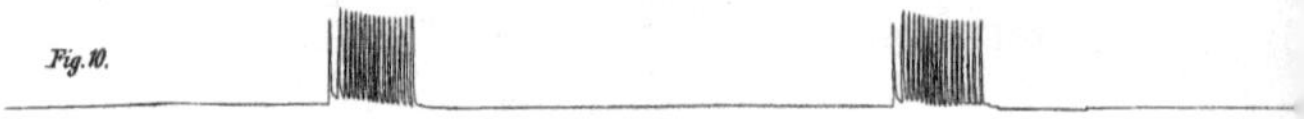

Fig. 11.

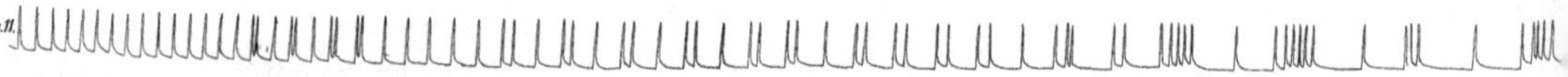

Fig. 13.

Taf. II.

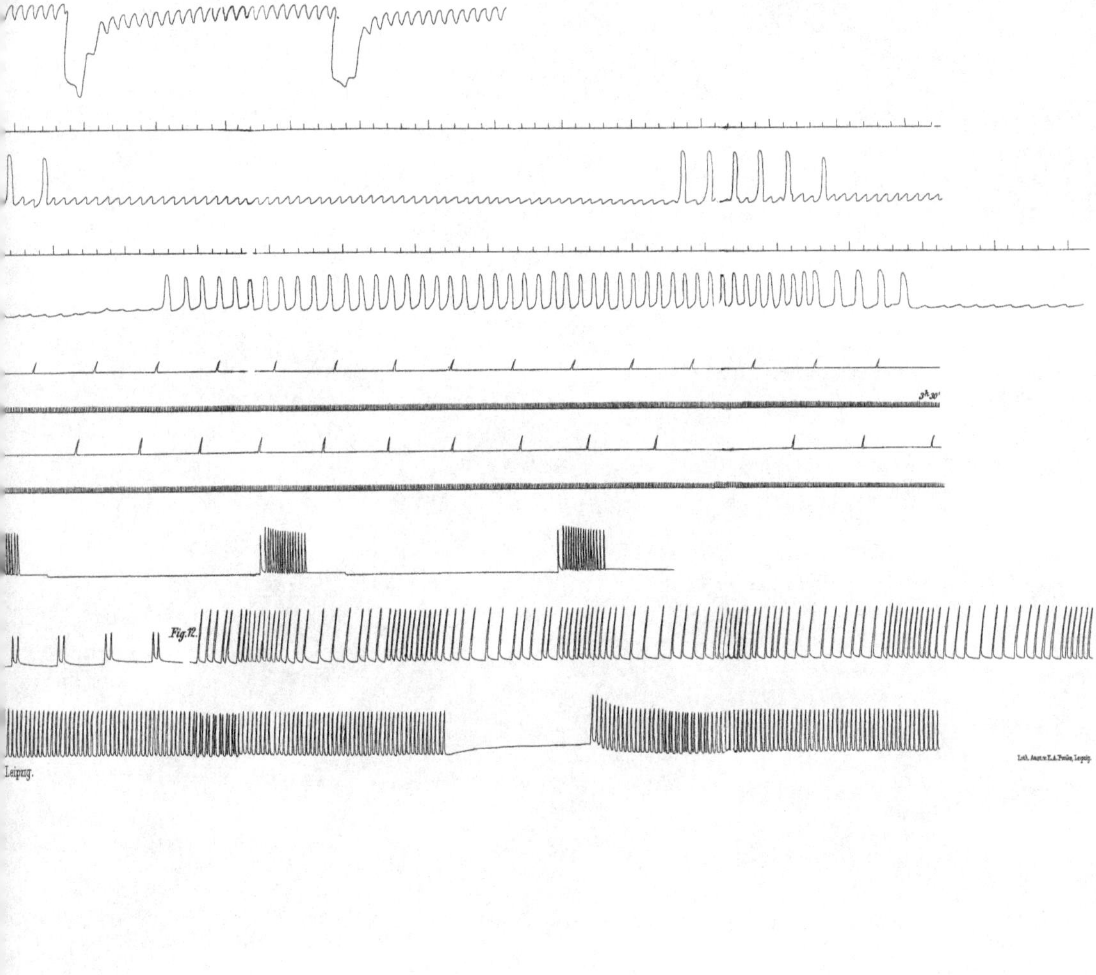

Leipzig.

Lith. Anst. v. E. A. Funke, Leipzig.

FSC
www.fsc.org
MIX
Papier | Fördert gute Waldnutzung
FSC® C083411

Kolibri 360 GmbH
Ferdinand-Jühlke-Straße 7
99095 Erfurt, Deutschland
produktsicherheit@kolibri360.de